THE SERIES OF TEACHING MATERIALS FOR THE 14TH FIVE-YEAR PLAN OF "DOUBLE-FIRST CLASS" UNIVERSITY PROJECT

“双一流”高校建设“十四五”规划系列教材

U0960346

TONGSHI HUAXUE SHIYAN

通识化学实验

主 编 高洪苓 邢肖肖

副主编 全迎萍 李萌萌

天津大学出版社

TIANJIN UNIVERSITY PRESS

内容提要

本书是以科普化学知识、提升实验能力、达到实际应用为目标的通识课实验教材，全书包括4章36个实验，每个实验下设实验目的、实验原理、实验仪器、实验步骤及思考题等。书中选取与设计的实验项目，既有表达科学性、实用性的，也有表现综合性、趣味性的，深浅结合，层次多样。

本书可供热爱化学实验、接受知识能力强、喜欢挑战与探索的学生、教师及科普爱好者选用。

图书在版编目（CIP）数据

通识化学实验 / 高洪苓，邢肖肖主编 ； 全迎萍，李萌萌副主编. -- 天津 ： 天津大学出版社，2024. 9.--（“双一流”高校建设“十四五”规划系列教材）.--ISBN 978-7-5618-7829-3

Ⅰ. 06-3

中国国家版本馆CIP数据核字第2024FA4141号

出版发行 天津大学出版社
地　　址 天津市卫津路92号天津大学内（邮编：300072）
电　　话 发行部：022-27403647
网　　址 www.tjupress.com.cn
印　　刷 天津泰宇印务有限公司
经　　销 全国各地新华书店
开　　本 787mm×1092mm　1/16
印　　张 9.5
字　　数 206千
版　　次 2024年9月第1版
印　　次 2024年9月第1次
定　　价 29.00元

凡购本书，如有缺页、倒页、脱页等质量问题，烦请与我社发行部门联系调换

版权所有　　侵权必究

前言

《通识化学实验》是以科普化学知识、提升实验能力与实际应用能力为目标的通识实验类课程教材。本书选取与设计的实验项目，不仅有趣味性强的魔术系列实验、科学性和实用性强的生活实验，还有制备无机染料和提取植物活性成分等前沿的综合性实验。全书分为4章，内容包括绪论，化学实验基础知识，化学实验常用仪器、试剂及基本操作，实验部分等（共计36个实验）。本书所选的实验项目是化学化工国家级实验教学示范中心（天津大学）经教学实践后确定的。本书是在传承和发展天津大学原有教材中的部分内容，同时参阅其他学校相关教材及大量文献的基础上编写的，在此对前辈和同行的付出表示感谢和敬意！

本书能够充分发挥化学实验的育德育人功能，激发读者的学习兴趣，培养其科学思维，提高其实验能力，对培养具有家国情怀、国际视野、生态意识等素养的人才具有重要意义。本书适合热爱科学实验、接受知识能力强、喜欢挑战与探索的学生、教师及科普爱好者选用及阅读。

限于编者水平，书中难免有疏漏和不当之处，敬请读者批评指正！

编　者

2024年8月

目 录

目 录

目 录

第 1 章 绪论

1.1 通识化学实验的目的

早在一千多年前，著名的阿拉伯炼金术士札比尔·伊本·赫扬就十分重视实验，他认为，不做研究和实验的人任何时候都将一事无成。英国哲学家弗朗西斯·培根也从认识论和方法论角度揭示了实验科学的意义，他认为“科学是实验的科学”。学习《通识化学实验》，不仅可使读者掌握化学理论、实验原理及操作技能，促使其独立思考，培养其科学实验的实践能力，还能培养读者实事求是的科学态度、严谨的思维方式，以及集创新、实用、趣味与美学于一体的设计能力，促进其身心健康发展，使其终身受益。

1.2 通识化学实验的基本要求

学生应有正确的学习态度和科学的学习方法，争取做到“实验前胸有成竹，实验中有条不紊，实验后受益良多”。具体要求如下。

①实验前应认真预习。预习是实验课的必要环节，学生应明确实验目的和要求，掌握实验的基本原理，熟悉实验内容以及注意事项，了解实验步骤、操作技术和仪器的使用方法，写好预习报告。

②实验过程中应严格遵守实验室规则，强化安全意识，规范操作流程，提高动手能力和协作能力，仔细观察实验现象，如实记录实验结果，不篡改、不抄袭数据，培养实事求是的态度，积极思考问题，并运用所学理论解释实验现象，研究实验中的问题。

③实验完成时，应请教师检查实验结果，如有问题，按教师的要求重做实验。待教师签字认可实验结果后，方可结束实验。学生应分析实验现象，处理实验数据，认真写好实验报告。

④实验结束后，应按教师的要求整理仪器和试剂，打扫实验室卫生，经教师允许后方

可离开实验室。

1.3 实验报告格式示例

化学实验通常可分为三种类型：制备实验、测定性实验和验证性实验。制备实验报告应写出物质的制备原理、流程、原料量、产量、产率、产品质量及性质等。制备实验中，原料经多步实验操作和处理过程，最终得到产品，制备流程常用框图表示，每一步操作可作为一个框。测定性实验的重点是测定数据及处理数据，所有原始数据都要准确无误地记录，计算时应该有具体的数据处理过程。验证性实验主要是对物质的性质进行验证，可加深对反应原理和物质性质的理解，实验报告一般包括实验原理、实验步骤、实验现象、反应方程式、解释和结论等。实验者也可根据实际情况独立设计相应的实验报告。

制备实验报告格式示例

【实验名称】五水硫酸铜的制备

学院 __________ 专业 __________ 年级 __________ 班号 __________

学号 __________ 姓名 __________ 实验日期 ________________

【实验目的】（略）

【实验原理】（略）

【实验步骤】

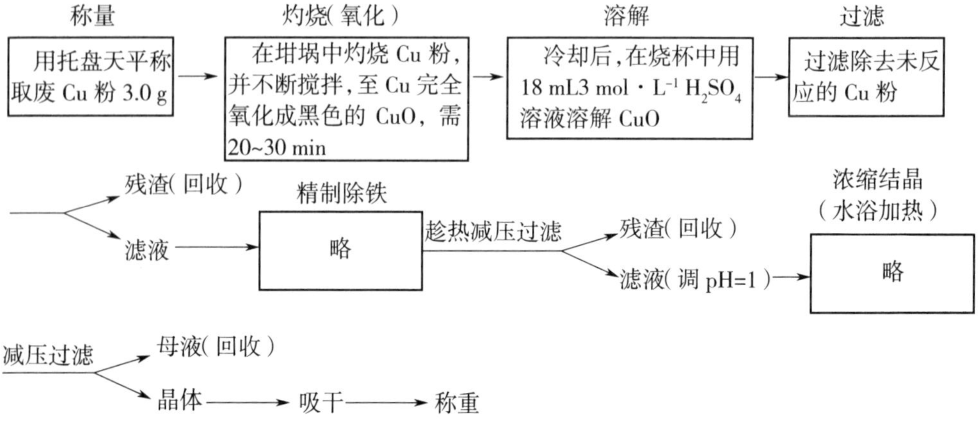

【实验结果】

理论产量 =__________；

实际产量 =__________；

$$产率=\frac{实际产量}{理论产量}\times100\%=$$ ______________。

产品等级（如进行检验分析）：__________。

【问题与讨论】（略）

测定性实验报告格式示例

【实验名称】摩尔气体常数的测定

学院 __________ 专业 __________ 年级 __________ 班号 __________

学号 __________ 姓名 __________ 实验日期 ________________

【实验目的】（略）

【实验原理】（略）

【实验步骤】

①用电子天平称取铝箔，记录质量。

②测定摩尔气体常数。

（a）在反应管内加入铝箔和 3 mL 8 mol · L^{-1} 盐酸。

（b）检漏，调平衡，记录反应前量气管内液面的读数 V_1。

（c）使铝箔与盐酸反应完全，并恢复至室温，保持 U 形管两端液面水平，记录反应后量气管内液面的读数 V_2。

（d）测室定温与大气压。

【数据记录和处理】

①测定摩尔气体常数（R）。

反应前量气管内液面的读数 V_1=______________ mL；

反应后量气管内液面的读数 V_2=______________ mL；

$V(H_2)=V_2-V_1$=___________ mL；

铝箔质量 m=_________ g；

室温 T=________K；大气压 p =_____kPa；

$p(H_2O)$ =__________Pa；$p(H_2)=p-p(H_2O)$ =_______ kPa；$n(H_2)$ =________ mol（由反应计算求得）。

结果：$$R=\frac{p(H_2)V(H_2)}{n(H_2)T}=$$ ________________ J · mol^{-1} · K^{-1}。

②误差计算。

$$相对误差=\frac{R(测定)-R(理论)}{R(理论)}\times100\%=$$ ___________。

③误差分析。（略）

验证性实验报告格式示例

【实验名称】魔术系列实验

学院 ____________ 专业 ____________ 年级 ____________ 班号 ____________

学号 ____________ 姓名 ____________ 实验日期 ____________________

【实验目的】（略）

【实验步骤】（略）

【实验结果与分析】

实验内容	实验现象	反应方程式	解释和结论

【问题与讨论】（略）

第 2 章 化学实验基础知识

2.1 化学实验室规则与安全

2.1.1 化学实验室规则

①应了解实验环境，熟悉水阀门、电闸、急救箱和消防用品的所在地点和使用方法。进入实验室时须按规定穿戴实验服、实验手套、防护眼镜、口罩等防护装备。

②实验前应清点仪器设备，如发现缺损，应及时向教师报告，并补领相关仪器设备。

③实验时应节约水、电、试剂。按照化学实验操作规定的方法取用试剂。使用仪器时，如发现仪器故障，应立即停止使用，并及时向教师报告。

④应保持实验室和桌面的整洁。实验室内的物品如仪器、试剂等，不可随意带出实验室。

⑤实验室内的药品严禁任意混合，更不能尝其味道，以免发生事故。注意试剂的瓶盖、瓶塞不能盖错或混用。

⑥实验室内禁止饮食、吸烟、娱乐。使用有毒试剂时，应严防进入口内或接触伤口。剩余药品或废液应倒入指定回收处。

⑦能产生 硫化氢（H_2S）、一氧化碳（CO）、氯气（Cl_2）、二氧化硫（SO_2）等有毒或有刺激性气味的气体的实验，须在通风橱内进行。

⑧不能用烧杯等敞口容器盛装易燃有机溶剂，如乙醚、苯、乙醇、丙酮等。装有易燃有机溶剂的容器不得靠近火源，更不能直接用明火加热易燃溶剂。切勿将易燃溶剂倒入废液缸内，用过的易燃溶剂要倒入指定回收装置内。

⑨进行加热、浓缩液体的操作时，不能俯视正在加热的液体，以免溅出的液体灼伤眼睛和面部。加热试管中的液体时，不能将试管口对着自己或他人。

⑩当需要借助嗅觉鉴别少量气体时，不能用鼻子直接对准瓶口或试管口嗅闻气体，应用手把少量气体轻轻地扇向鼻孔进行嗅闻。

⑪ 禁止将 pH 试纸、玻璃碎片等固体物质扔入水槽，应保持下水畅通；冷凝管的冷却水不宜开得过大，以免水压过高弹开橡皮管而跑水，应避免实验室发生溢水事故。

⑫ 使用电器设备时，不要用湿手触碰仪器，以防触电，用后应及时拔下电源插头。

⑬ 实验产生的废弃物应按要求分类放入指定的收集容器内。

⑭ 实验后，应将玻璃仪器洗涤干净，放回原处；应整理桌面，打扫卫生，关好水阀门、电闸和门窗。

⑮ 对实验中的不合理之处应提出改进意见。对于反常的实验现象，应进行讨论，做到主动学习。

2.1.2 化学实验室消防安全

当化学实验室不慎起火时，应根据不同的着火情况，采取不同的灭火措施。由于物质燃烧需要空气和一定的温度，所以灭火的原则是将燃烧物与空气隔绝或给燃烧物降温，必要时应当报火警。

化学实验室常见的着火情况及对应的灭火措施如下所示。

①火势小时，可用灭火毯、湿抹布覆盖燃烧物灭火。

②有机溶剂着火时，勿用水扑救，而应用干粉灭火器、沙子或灭火毯等灭火。

③钠（Na）、钾（K）、镁（Mg）、铝（Al）、电石（CaC_2）、过氧化钠（Na_2O_2）等着火时，应用干燥的细沙覆盖灭火。

④电器设备着火时，应先切断电源，然后移走易燃易爆物，再用干粉或 1211 等灭火器灭火。

⑤个人衣服着火时，勿慌张奔跑，以免风助火势，应迅速脱衣，用水龙头或灭火毯灭火，或就地卧倒打滚压灭火焰。

常用灭火器种类及其适用范围和灭火原理见表 2-1-1。

表 2-1-1　常用灭火器种类及其适用范围和灭火原理

名称	适用范围和灭火原理
泡沫灭火器	用于一般失火及油类着火。此种灭火器的灭火原理是，硫酸铝（$Al_2(SO_4)_3$）和 $NaHCO_3$ 反应产生大量的氢氧化铝（$Al(OH)_3$）及二氧化碳（CO_2）泡沫，泡沫覆盖燃烧物，使其与空气隔绝，从而灭火。因为泡沫能导电，所以不能用于扑灭电器设备着火

续表

名称	适用范围和灭火原理
四氯化碳（CCl_4）灭火器	用于电器设备及汽油、丙酮等着火。此种灭火器内装液态 CCl_4。CCl_4 沸点低，相对密度大，不会被引燃。把 CCl_4 喷射到燃烧物的表面，CCl_4 液体会迅速汽化，覆盖在燃烧物上，从而灭火
1211 灭火器	用于油类、有机溶剂、精密仪器、高压电器设备着火。此种灭火器内装二氟一氯一溴甲烷（CF_2ClBr）液化气，灭火效果好
二氧化碳灭火器	用于电器设备着火。内装液态 CO_2
干粉灭火器	用于油类、电器设备、可燃气体及遇水燃烧的物质着火。内装 $NaHCO_3$、适量的润滑剂和防潮剂。此种灭火器喷出的粉末能覆盖在燃烧物上，组成阻止燃烧的隔离层，同时 $NaHCO_3$ 受热分解释放 CO_2，能起中断燃烧的作用，因此灭火速度快

2.1.3　化学实验中意外事故的处理

化学实验中，如果发生意外事故，要保持冷静，可采取如下救护措施。

（1）割伤　伤口内若有异物，应先取出，可用消毒棉棒把伤口清理干净，涂上消炎药后进行包扎。

（2）烫伤　应立即用大量水冲淋伤处，以迅速降温，避免深度烧伤。若起水泡，不宜挑破，可在烫伤处涂上烫伤膏。

（3）酸（或碱）灼伤　当强酸（或强碱）溶液溅到皮肤上时，应立即用大量的水冲洗，然后用饱和碳酸氢钠（$NaHCO_3$）溶液（或 2%[①] 乙酸溶液）冲洗，最后用水冲洗，涂敷氧化锌软膏（或硼酸软膏）。

（4）酸（或碱）溅入眼内　应立即用洗眼器长时间冲洗，再用 1%$NaHCO_3$ 溶液（或 2% 硼酸溶液）冲洗眼睛，然后用蒸馏水冲洗。

（5）受溴腐蚀致伤　应先用乙醇或 10% 硫代硫酸钠（$Na_2S_2O_3$）溶液洗涤伤口，然后用水冲净，最后涂敷甘油。

（6）白磷灼伤　用 1% 硝酸银（$AgNO_3$）溶液、5% 硫酸铜（$CuSO_4$）溶液或浓高锰酸钾（$KMnO_4$）溶液洗涤伤口，然后包扎。

（7）吸入刺激性或有毒气体而感到不适或头晕　应立即到室外呼吸新鲜空气。

（8）毒物误入口内　应立即把 5~10 mL 稀硫酸铜溶液加入一杯温水中，内服后将手指伸入咽喉部，促使呕吐，再前往医院接受治疗。

（9）不慎触电　应立即切断电源，用干燥的木棒或竹竿使触电者与电源脱离接触，必

① 除非特别说明，本书中的含量百分数均指质量分数。

要时进行人工呼吸。

2.1.4 绿色化学与化学实验室“三废”处理

绿色化学又称环境友好化学，这意味着化学实验室应尽可能选择对环境无毒无害的实验项目。化学实验确实会无法避免地产生各种废气、废液和废渣（统称“三废”）。“三废”不仅污染环境，造成公害，而且“三废”中的贵重和有用成分未能回收，也造成经济损失。因此，在学习阶段就应接受“三废”处理的教育，增强环境保护意识，树立绿色化学观念。

（1）废气 产生少量有毒气体的实验应在通风橱中进行，通过排风设备把有毒废气排到室外。毒气量较大的实验必须有吸收或处理装置。卤化氢、二氧化硫等酸性气体，可以用氢氧化钠（NaOH）水溶液吸收；碱性气体可用酸溶液吸收；CO 可点燃转化为 CO_2 后排放。

（2）废液 含汞、铬、镉、砷、酚、氰化物等的废液需按规定处理达标后回收到指定容器中。

（3）废渣 固体废弃物经过回收、提纯有用物质后，剩余残渣应按规定处理后放到指定回收处。

2.2 化学实验中数据的处理与表达

2.2.1 测量误差与有效数字

在测量实验中，取同一试样进行多次重复测量，其测定数据常常不会完全相同，即使采用最精确的测定方法，用最精密的仪器，由技术最熟练的人员进行测定，也难以得到与真实值完全一样的结果。这说明测量误差是普遍存在的。因此，在各项测量工作中，不仅要掌握正确的测定方法，还必须对测量结果进行评价，分析测量结果的准确性、误差的大小及产生误差的主要原因，从而寻找减小误差的有效方法，提高测量结果的准确性。

1. 测量误差

1）误差的种类

测量结果与真实数值之间的偏离称为误差。根据误差性质的不同，误差可分为系统误差和偶然误差（随机误差）。

(1) 系统误差　系统误差是由某些比较确定的原因引起的，它对测定结果的影响比较固定，其大小有一定的规律，在重复测量时，它会重复出现。产生系统误差的主要原因有以下几种。

①方法误差。这种误差是由实验方法不够完善造成的。如重量分析中，沉淀物的溶解总是招致负误差，称量物有吸水性以及共沉淀现象则总是引起正误差等。

②仪器和试剂误差。如天平的两臂不等长引起的称量误差，移液管和滴定管的刻度未经校正而引起的体积误差，所用试剂、蒸馏水含有杂质及容器不洁净引入杂质导致的误差。

③操作和主观误差。这是由操作不当或未掌握好实验条件而引起的误差。例如，过分或未充分洗涤沉淀，溶液的 pH 调得偏高或偏低，对颜色的观察不够正确，等等。

系统误差是可以估计的，能采取适当措施减小，一般可通过改进实验方法、校正仪器、提高试剂纯度、制定标准操作规程、进行空白实验和对照实验等措施减小系统误差（见本节“4）提高测量结果准确度的方法”）。

(2) 偶然误差（随机误差）　偶然误差由某些难以预料的偶然因素引起，它对实验结果的影响不固定。由于引起偶然误差的原因难以确定，所以偶然误差似乎无规律可寻，但如果多次测量，可以发现偶然误差服从正态分布规律，即

①绝对值相等的正误差和负误差出现的概率相等；

②小误差出现的次数多，大误差出现的次数少。

因此，在消除引起系统误差的一切因素后，通过多次测量取算术平均值的方法可以减小偶然误差对测量结果的影响，使测量结果接近真实值。为此在不知真实值的情况下，常常用多次平行测量结果的平均值近似代替真实值。

2）准确度与误差

准确度是指测定值与真实值之间的偏离程度，可以用误差来量度。误差越小，证明测定结果的准确度越高。误差按表示方法可分为绝对误差和相对误差。

(1) 绝对误差（E）　实验测得的值（x_i）与真实值（μ）之间的差值称为绝对误差（E）。

$$E = x_i - \mu$$

绝对误差只能显示出误差变化的范围，不能确切地表示测量精度，因此一般用相对误差的形式表示测量误差。

(2) 相对误差（E_r）　相对误差（E_r）即绝对误差与真实值的百分比。

$$E_r = \frac{x_i - \mu}{\mu} \times 100\% = \frac{E}{\mu} \times 100\%$$

例如，在标定 NaOH 溶液时，称取邻苯二甲酸氢钾 0.564 3 g，其真实值为 0.564 2 g，

则称量的绝对误差为

0.564 3−0.564 2=0.000 1（g）

另称一份邻苯二甲酸氢钾 0.056 4 g，其真实值为 0.056 3 g，则称量的绝对误差为

0.056 4−0.056 3=0.000 1（g）

两次称量的绝对误差相同，均为 0.000 1 g，但相对误差却不同。

第一次称量的相对误差：

$$\frac{0.000\,1}{0.564\,2}\times 100\% = 0.02\%$$

第二次称量的相对误差：

$$\frac{0.000\,1}{0.056\,3}\times 100\% = 0.2\%$$

显然，第一次称量的准确度较高，故用相对误差表示测量结果的准确度更合理。

3）精密度与偏差

精密度是指测量结果的重现性。

由于被测量的真实值无法知道，因此一般用多次测量结果的平均值近似地代替真实值。每次测量结果与平均值之差，称为偏差。偏差与误差一样，也有绝对偏差与相对偏差之分。

$$\text{绝对偏差} = \text{测量值} - \text{平均值}$$

即 $$d_i = x_i - \bar{x}$$

$$\text{相对偏差} = \frac{\text{绝对偏差}}{\text{平均值}} \times 100\%$$

即 $$d_\mathrm{r} = \frac{x_i - \bar{x}}{\bar{x}} \times 100\%$$

相对偏差的大小可以正确反映测量结果重现性的好坏，即测量精密度的高低。

由上可知，误差以真实值为标准，偏差则以多次测量结果的平均值为标准。因此，误差与偏差、准确度与精密度的含义不同，必须加以区别。但是由于在实际测量时真实值是不知道的（测量的目的就是得到真实值），因此处理实际问题时，常常在尽量减小系统误差的前提下，把多次平行测量结果的算术平均值当作真实值，把偏差作为误差。

应该指出，在测量工作中，精密度高，准确度不一定高。测量值必须是精密度高的准确值。在有些情况下偶然误差很大，但由于多次测量结果的正负偏差相互抵消，算术平均值也接近真实值。可是，这种测量结果显然是不可靠的。因此，评价某一测量结果时，必须综合考虑系统误差和偶然误差的影响，将准确度和精密度统一起来要求，以确保测量结果可靠。

4）提高测量结果准确度的方法

为了提高测量结果的准确度，应尽量减小系统误差、偶然误差。认真仔细地进行多次测量，取平均值作为测量结果，可以减小偶然误差。在测量过程中，提高准确度的关键在于尽可能地减小系统误差。减小系统误差的方法一般有以下三种。

（1）校正测量仪器和测量方法　为减小由测量方法带来的误差，可将标准方法与选用的测量方法相比较，以校正所选用的测量方法。

对准确度要求较高的测量，要对选用的仪器如天平、滴定管、移液管、容量瓶、温度计等进行校正，求出校正值，以校正测量值，提高测量结果的准确度。但准确度要求不高（允许相对误差大于 1%）时，一般不必校正仪器。

（2）进行空白实验　空白实验是在同样的测量条件下，用蒸馏水代替试液，用同样的方法进行的实验。其目的是消除由试剂（或蒸馏水）和仪器带进杂质所造成的系统误差。

（3）进行对照实验　对照实验是用已知准确成分或含量的标准样品代替试样，在同样的测量条件下，用同样的方法进行测量的试验。其目的是判断试剂是否失效、反应条件是否控制正确、操作是否正确、仪器是否正常等，以确保得到可靠的测量结果。

对照实验也可以用不同的测量方法，或由不同单位、不同人员对同一试样进行测定来互相对照，以说明所选方法的可靠性。

在测量过程中，如有可疑现象，应随时进行空白实验、对照实验。是否善于利用空白实验、对照实验，是分析问题和解决问题能力强弱的主要标志之一。

2. 有效数字

1）有效数字位数的确定

在测量和数字运算中确定该用几位有效数字是很重要的。初学者往往认为，数值中小数点后面的位数越多，这个数值就越准确；或计算结果保留的位数越多，准确度就越高。这两种认识都是错误的。正确的认识是：记录和计算结果的有效数字位数都应与测量的误差相适应，即测量和计算结果的数字位数，除末位数字为可疑数外，其余各位数都应是准确可靠的。

从仪器上直接测得的几位数字（包括最后一位可疑数字），称为有效数字。实验数据的有效数字与测量的精度有关。

任何超出或低于仪器精度的数字都是不恰当的。例如，滴定管的读数为 50.00 mL，不能写为 50 mL，也不能写为 50.000 mL，因为前者降低了精确度，后者则夸大了精确度。

对于有效数字的确定，应注意以下几点。

① 0 是否包括在有效数字中，与 0 在数字中的位置有关。当 0 在数字前面，只表示小数点的位置（仅起定位作用）时，则不包括在有效数字中；如果 0 在数字的中间或末端，

应包括在有效数字的位数中。示例如下。

数值	0.68	6.8×10^{-2}	0.023 50	6.08
有效数字	2 位	2 位	4 位	3 位

②采用科学记数法表示时，10^n 不包括在有效数字中。对于很小或很大的数字，采用指数表示法更为简单合理。

③对于化学中经常遇到的 pH、lg K 等对数数值，有效数字仅由小数部分的数字决定。首数（整数部分）只起定位作用，不是有效数字。因此，对数运算时，对数小数部分的有效数字位数应与相应的真数的有效数字位数相同。如 pH=7.68 的有效数字为 2 位，而不是 3 位，7 是 10 的整数方次，即 10^7 中的 7。

2）有效数字的运算规则

在处理数据时，有效数字的取舍很重要。有效数字的基本运算原则如下。

①记录和计算结果所得的数值，均只能保留 1 位可疑数字。

②当有效数字的位数确定后，应舍去不必要的尾数，一般采用“四舍五入”的规则。但是，当进行复杂运算时，应采用“四舍六入五留双”的规则，以提高运算结果的正确性。当尾数小于或等于 4 时，舍去；当尾数大于或等于 6 时，进位；当尾数为 5 时，若 5 后面跟非零的数字时进位，若正好是 5 或 5 后面跟零时，按留双的原则，5 前面的数字是奇数时进位，5 前面是偶数时舍弃。例如，将 4.146、5.864 4、6.451 0、7.550 0、5.450 0 分别处理成 2 位有效数字，根据上述规则，分别为 4.1、5.9、6.5、7.6、5.4。

（1）加减运算规则 在加减运算中，计算结果保留的小数点后的位数，应与各个加减数值中小数点后位数最少者相同。例如：

$$\begin{array}{r} 0.012\,1 \\ 1.056\,8 \\ +\,215.64 \\ \hline 216.708\,9 \end{array}$$

计算结果应为 216.71。

显然这 3 个数值之和应保留到小数点后第 2 位，这是因为第 3 个数值 215.64 中的 4 已经是可疑数字，结果保留小数点后的第 3 位甚至第 4 位数字没有意义。

（2）乘除运算规则 在乘除运算中，计算结果的有效数字位数应与各个数值中有效数字位数最少者相同。例如：

$$\begin{array}{r} 5.44 \\ \times\,0.48 \\ \hline 4\,352 \\ 2\,176 \\ \hline 2.611\,2 \end{array}$$

计算结果应为 2.6。

因可疑数字与可疑数字、可疑数字与可靠数字相乘除、相加减都得可疑数字，所以示例中的 4352 中的每个数字都是可疑数字，2176 中的 6 是可疑数字，由此可知 6112 中的每个数字都是可疑数字，故乘积应为 2.6（计算结果的有效数字位数应与计算数值中有效数字位数最少者相同）。

在进行一连串数值的运算时，为了既简便计算又能确保运算的准确性，可按“四舍五入”规则暂时多保留 1 位有效数字，到确定最后结果时，再根据“四舍五入”规则舍去多余的数字。

必须强调，只有在涉及直接或间接测量的物理量时，才考虑有效数字。非测量的数字（如 $\sqrt{2}$、1/2 等）、化学量的数值（如化学式 H_2SO_4 中的 2、1、4 等）和从理论计算出的数值（π、e 等），没有可疑数字。其他如原子质量、摩尔气体常数等基本数值，可根据需要保留有效数字的位数。

有效数字是测量和运算中的重要概念。掌握好这一概念有助于正确记录和表示测量结果，避免运算错误，且能正确地选用测量仪器。

例如，配制 0.50 mol · L^{-1} $CuSO_4$ 溶液 0.1 L，可称取 $CuSO_4 \cdot 5H_2O$ 晶体 12.5 g，而不必准确称取 12.484 0 g。

2.2.2　实验数据的表达

为了表示实验结果和分析实验规律，需要对实验数据进行归纳和处理。实验数据的表示和归纳常使用列表法和作图法。

1. 列表法

在化学实验中，最常用的表为函数表，即将自变量 x 和因变量 y 一一对应排列而成的表格，用以表示二者的关系。列表时应注意以下几点。

①表格名称。每一表格均应有简明的名称。

②行名与单位。将表格分为若干行，每一变量应占表格中的一行，每一行的第一列写上该行变量的名称及单位。

③有效数字。对每一行所记数字，应注意其有效数字位数，并将小数点对齐，数值应按要求有序排列。

④自变量的选择。自变量的选择有一定的灵活性，通常选择较简单的变量作为自变量，如温度、时间和浓度等。自变量最好均匀地增加或减小。

列表法的优点是简单，缺点是不能表示出数值连续变化的规律和实验数值范围内任意自变量与因变量的对应关系，其常与作图法配合应用。

2. 作图法

利用实验数据作图，可使实验测得的各数据间的关系更加直观，并可根据图上的曲线，简便地找到各函数的中间值、最大值、最小值或转折点以及确定经验方程式中的常数等。此外，根据多次测量的数据描绘的图像，一般具有“平均”的意义，可以发现和消除一些偶然误差。因此，作图法是一种重要的数据处理方法，且用计算机作图效果更佳。

第 3 章
化学实验常用仪器、试剂及基本操作

3.1 化学实验常用仪器及用品介绍

化学实验常用仪器及用品见表 3-1-1。

表 3-1-1 化学实验常用仪器及用品

仪器及用品	规格	用途	注意事项
 称量纸	与称量物品的大小及多少相关	作为天平垫纸使用	称量固体粉末时，可以折叠边缘，防止药品撒出；不能称量易潮解药品
 药匙	由塑料或不锈钢等制成，可为单头或双头	用于取用固体药品	根据药品用量选择规格，取用时不能混用
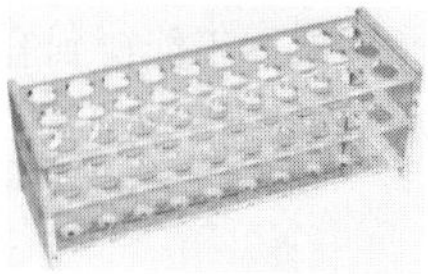 试管架	由塑料制得，有不同孔径及孔数	用于盛放试管	—
 普通试管	大小以管口直径 × 管长表示	作为少量液体与液体或液体与固体的反应容器使用	用酒精灯加热时，需要预热；管口不能对着人；液体不能超过试管容积的 1/3；加热固体时，试管口应略向下倾斜

续表

仪器及用品	规格	用途	注意事项
 离心试管	分为有刻度、无刻度两种，以容积表示	用于少量固液分离	使用后应尽快清洗，防止固体板结在内壁上
 试管夹	以木制为主	用于夹持试管加热	试管夹应从试管底部向上套，夹在距试管口 1/3 的部位；手拿时握住试管夹长柄，不要把拇指按在短柄上
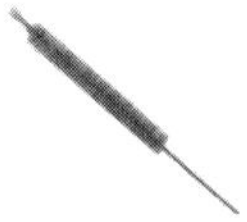 试管刷	有多种规格，与试管大小配套	用于洗刷试管	使用时应把前面的毛捏住放入试管，防止铁丝顶端捅破试管底部
 烧杯刷	有多种规格，与烧杯大小配套	用于洗刷烧杯	应选择合适大小的烧杯刷，在烧杯中旋转洗刷
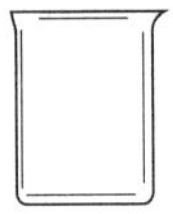 烧杯	有刻度，以容积表示，如 50 mL、100 mL、250 mL、1 000 mL 等	用作较大量试剂的反应容器，用于配制溶液，用作水浴容器	加热时需要垫上石棉网，盛装液体的量为烧杯容积的 1/3~1/2
 胶头滴管	由尖嘴玻璃管与胶头组成	用于吸取或者滴加少量液体	使用时应垂直悬空，不能倒立
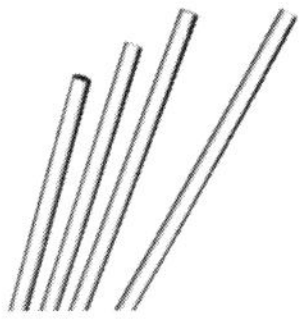 玻璃棒	大小以直径 × 长度来表示	用于搅拌液体使其混合均匀，或作为引流的装置	搅拌时玻璃棒不能碰到容器内壁；多次蘸液后应洗净
 洗瓶	一般为塑料制品，以容积表示，如 500 mL	盛装蒸馏水或去离子水，用于冲洗玻璃仪器、洗涤沉淀等	—

续表

仪器及用品	规格	用途	注意事项
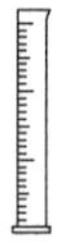 量筒	以可度量的最大容积表示，如 10 mL、25 mL、100 mL 等	用于量取一定体积的液体	不能量取热的液体，不可加热
 滴瓶	分为透明瓶与棕色瓶，塞子可为玻璃塞或橡胶塞，大小以容积表示	用于盛放液体试剂	碱性试剂盛放于带橡胶塞的试剂瓶中，见光分解的试剂盛放于棕色瓶中，使用时切忌“张冠李戴”
 广口瓶	有透明、棕色之分，大小以容积表示	用于储存固体试剂	碱性试剂用橡胶塞，见光分解的试剂盛放于棕色瓶中；不能直接用火加热；取用试剂时瓶盖应倒放在桌面上
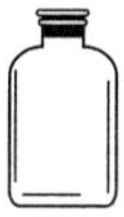 细口瓶	有透明、棕色之分，大小以容积表示	用于储存液体试剂	碱性试剂用橡胶塞，见光分解的试剂盛放于棕色瓶中；不能直接用火加热；取用试剂时瓶盖应倒放在桌面上
 漏斗	以口径和漏斗颈长短表示，如 4 cm 短颈漏斗	用于过滤或倾注液体	不能用明火加热
 布氏漏斗和吸滤瓶	布氏漏斗以直径表示，如 10 cm；吸滤瓶以容积表示，如 125 mL、250 mL 等	用于减压过滤	不能用明火加热
 锥形瓶	有无塞、带塞之分，大小以容积表示，如 60 mL、80 mL 等	主要用于滴液操作，也用作反应容器	可垫上石棉网加热，滴定时液体不超过容积的 1/3
 容量瓶	大小以容积表示，如 100 mL、250 mL 等，瓶身上标有容积及温度	用于配制一定物质的量浓度的溶液	不能加热，不能在其中溶解固体，不能长期存放试剂

续表

仪器及用品	规格	用途	注意事项
 酒精灯	大小以容积表示，如150 mL、250 mL 等	用于给少量试剂或小型仪器加热	应用火柴点燃；用灯罩将火盖灭后，应打开一次再盖上；酒精灯之间不能相互引燃；盛放酒精的体积应不超过灯壶容积的 2/3
 表面皿	一般为玻璃材质，以直径表示，如 10 cm、12 cm 等	用于蒸发少量液体或观察少量物质的结晶过程；可用作盖子或载体	不能用明火加热
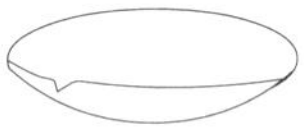 蒸发皿	大小以容积表示，如75 mL、100 mL 等	用于蒸发、浓缩溶液	可以用明火直接加热，但不能骤冷；盛液量不应超过容积的 2/3；取用时应使用坩埚钳
 坩埚	有瓷质、石英等材质，以容积表示，如10 mL、15 mL 等	用于灼烧固体	可直接加强热或放于马弗炉中；取用时应使用坩埚钳；冷却时应放于石棉网上；应防止骤冷
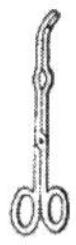 坩埚钳	由铁或铜合金制成	用于取用坩埚或蒸发皿等高温仪器	夹高温坩埚时需预热；放置时应头部向上；不能与化学试剂接触
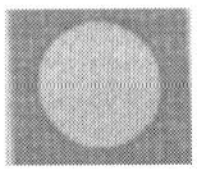 石棉网	以边长 × 边长表示，如 10 cm × 10 cm	加热玻璃仪器时垫在容器下面，使其受热均匀	若石棉脱落则不能使用；不能接触水，不能卷折
 研钵	有玻璃、瓷质、玛瑙等材质，大小以口径表示	用于研磨固体试剂或使固体试剂混合均匀	固体放入量不能超过容积的 1/3；易爆物品不能研磨；大块固体只能压碎，不能敲碎
 干燥器	有无色、棕色之分，以内径大小表示，如 10 cm、20 cm 等	用于存放干燥物质或使潮湿物质干燥	使用前应检查干燥剂是否失效；开闭应采用推拉的方式；热物体应稍冷却后再放入
 镊子	有尖头、平头之分，一般为不锈钢材质，大小以长度表示	用于取用块状固体试剂	取用固体试剂后应及时清洗并擦干，防止生锈

续表

仪器及用品	规格	用途	注意事项
 铁架台	为铁制品	用于放置和固定反应装置	根据不同反应，可在铁棍上配置能上下移动的铁圈、铁夹、滴定管夹等器械
 称量瓶	有扁形和高形之分，以直径 × 高度表示，如 25 mm × 25 mm	准确称取一定量的固体试样	不能直接加热；盖子与瓶子配套，不能混用
 定性滤纸	有快、中、慢速之分，大小以滤纸直径表示	用于常压过滤或减压过滤	根据过滤方式不同，选择合适的大小

3.2　化学试剂的规格、存放及取用

3.2.1　化学试剂的规格

化学试剂的规格以其中所含杂质的量来划分，一般可分为四个等级，试剂规格和适用范围见表 3-2-1。选用试剂时，不要盲目追求高纯度，应根据具体要求选用。若对所用试剂的规格有所怀疑，应该进行鉴定或精制。

表 3-2-1　试剂规格和适用范围

名称	符号	适用范围	标签颜色
优级纯（guaranteed reagent）	GR	适用于精密分析工作和科学研究工作	绿色
分析纯（analytical reagent）	AR	适用于多数分析工作和科学研究工作	红色
化学纯（chemically pure）	CP	适用于一般分析工作	蓝色
实验纯（laboratory reagent）	LR	纯度较低，适合作为实验辅助剂	黄色

3.2.2 化学试剂的存放

化学试剂的存放在实验室中是一项十分重要的工作。若因未妥善保存而使试剂变质，就会造成浪费，此外试剂混放会导致安全事故。一般的化学试剂应保存在通风良好、干净、干燥的房间内，同时应根据试剂的不同性质采用不同的存放方式。

1. 试剂存放的一般原则

固体试剂应存放在易取用的广口瓶内，液体试剂应存放在细口瓶中，一些用量小而使用频繁的液体试剂（如指示剂、定性分析试剂等）可盛装在滴瓶中。盛装试剂的试剂瓶都应贴上标签，并写明试剂的名称、纯度、浓度和配制日期，标签外面可涂蜡或用透明胶带等保护。

根据试剂的不同性质需要采用不同的存放方式。

①在空气中易变质的试剂应隔绝空气密封保存。这类试剂包括：易被氧化的试剂，如亚铁盐、活泼金属单质、苯酚、硫代硫酸钠等；易吸收二氧化碳的试剂，如氧化钙、氢氧化钠、氢氧化钙、过氧化钠等；易吸湿的试剂，如五氧化二磷、无水氯化钙、浓硫酸、无水硫酸铜等；易风化的试剂，如十水碳酸钠。

②见光或受热易分解的试剂（如硝酸、硝酸银等）应用棕色瓶盛放且置于冷暗处。过氧化氢虽然也是见光分解的物质，但不能盛放在棕色的玻璃瓶中，因棕色玻璃中含有重金属氧化物，会催化过氧化氢的分解。因此，通常将过氧化氢存放于不透明的试剂瓶中，并置于阴凉处。

③易挥发的试剂，如浓氨水、浓盐酸、乙酸乙酯等，要严格盖紧瓶盖，保存在阴凉通风处，取用后要立即盖紧瓶盖。

④易相互作用的试剂，如具有挥发性的酸和氨、氧化剂与还原剂，应分开存放。易燃、易爆、强氧化性试剂一般需要分类单独存放，并储存于阴凉通风、不受阳光直接照射的地方。

⑤低沸点的易燃液体应存放于阴凉通风的地方，并与其他可燃物和易产生火花的器物隔离放置，更要远离明火。

⑥强碱性试剂，如氢氧化钠、氢氧化钾及硅酸钠等溶液，其瓶塞应换成橡皮塞，以免长期放置互相粘连。

⑦易腐蚀玻璃的试剂，如氟化物等，应保存在塑料瓶中。

2. 特殊试剂的存放

①钠、钾应保存在液态烷烃（如煤油）中，以隔绝空气，防止氧化。使用时用镊子取出，在瓷砖或不锈钢板上切片，再用滤纸吸净煤油，剩余部分随即放入煤油中。

②白磷应保存在水中，以防止氧化，并置于冷暗处。使用时用镊子取出，再立即放入水中，在水中用长柄小刀切取，再用滤纸吸干水分。

③液溴有毒且易挥发，应盛于磨口的细口瓶中，并用水封，瓶盖要盖严密。

④碘易升华且具有强烈的刺激性气味，应保存在用蜡封好的试剂瓶中，并置于低温处。

3.2.3 化学试剂的取用

1. 固体试剂的取用

取用固体试剂一般使用牛角匙、不锈钢匙、塑料匙，药匙必须干净且专匙专用。

称取一定量固体试剂时，可将试剂放到称量纸上、表面皿等干燥洁净的玻璃容器中，或者称量瓶内，根据要求在天平上称量。称量具有腐蚀性或易潮解的试剂时，不能放在称量纸上，应放在表面皿等玻璃容器中，且药匙使用后应立即洗净，以免腐蚀。

颗粒较大的固体应在研钵中研碎，研钵中所盛的固体量不得超过其容积的 1/3。

2. 液体试剂的取用

1）从细口瓶中取用液体试剂的方法

取下瓶塞，左手拿容器（如试管、量筒等），右手拿试剂瓶（试剂瓶的标签应面向手心），取出所需量的试剂，如图 3-2-1 所示。倒完后应将瓶口在容器内壁上靠一下（特别注意处理好最后一滴试剂），再使瓶子竖直，以避免液滴沿试剂瓶外壁流下。

将液体试剂倒入烧杯时，也可用右手握试剂瓶，左手拿玻璃棒，使玻璃棒的下端斜靠在烧杯内壁上，将试剂瓶口靠在玻璃棒上，使液体沿玻璃棒往下流，如图 3-2-2 所示。

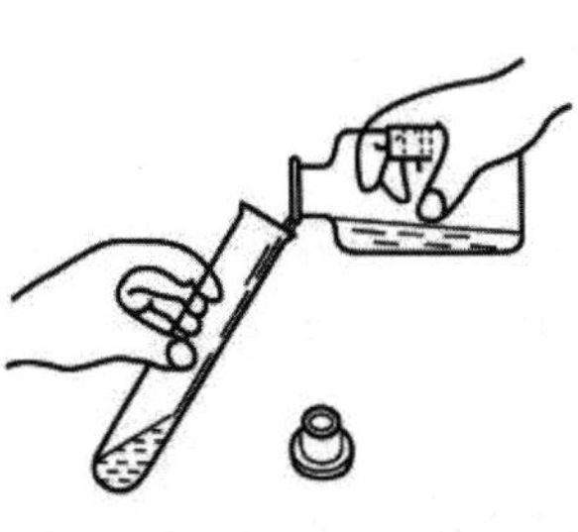

图 3-2-1 向试管中倒入试剂

图 3-2-2 向烧杯中倒入试剂

2）用滴瓶取用少量液体试剂的方法

先提起胶头滴管（简称滴管），使管口离开液面，用手指捏紧滴管上部的胶头并排出空气，再将滴管伸入试剂瓶中吸取试剂。如图3-2-3所示，向试管中滴加试剂时，只能将滴管尖头放在试管口的上方滴加，严禁将滴管伸入试管内。定量取用液体试剂时，可根据要求选用量筒或移液管。

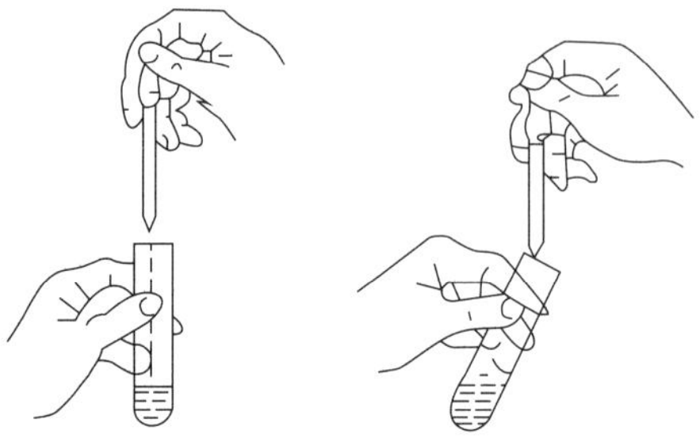

图 3-2-3　向试管中滴加液体

3）取用液体试剂的注意事项

①在取用试剂前要核对标签，确认无误后才能取用。没有标签的试剂不能随便取用。

②各种试剂瓶的瓶盖取下后不能随意放置，一般应倒立向上放在实验台上。取用试剂后要及时盖好瓶塞和滴瓶的滴管，并将试剂瓶放回原处。

③取用试剂要注意节约，用多少取多少，多余的试剂不应倒回原试剂瓶内，应倒入回收瓶中。

④取用易挥发的试剂，如浓盐酸、浓硝酸、溴等，应在通风橱内进行，以防污染室内空气。取用剧毒或强腐蚀性药品时，要注意安全，应佩戴口罩和橡胶手套，取用时不要让药品碰到手上，以免发生事故。

⑤用滴管吸取试剂时，绝不能将未经洗净的同一吸管插入不同的试剂瓶中取用。

3.3　洗涤、干燥、加热与冷却

3.3.1　洗涤

化学实验室中经常使用各种仪器，如用不干净的仪器进行实验，往往由于污物和杂质的存在而得不到准确的结果，所以仪器应该清洗干净。

实验室常用的洁净剂有洗衣粉、去污粉、洗涤液等。洗涤仪器的方法有很多，应根据实验的要求、污物的性质和沾污的程度加以选择。

（1）用水清洗　用自来水和毛刷刷洗仪器上附着的尘土和水溶物。

（2）用洗涤剂刷洗　用毛刷蘸去污粉或洗涤液刷洗仪器上附着的油污和有机物质，若仍洗不干净，可用热碱液洗。

（3）用超声波清洗　把用过的仪器放在配有洗涤剂的溶液或水中，接通电源，利用声波的振动和能量进行清洗。清洗过的仪器再用自来水和蒸馏水冲洗干净即可。用超声波清洗可以达到仪器全面洁净的清洗效果，特别是对带有深孔、盲孔、凹凸槽的仪器来说，这是最理想的清洗方法。

（4）用铬酸洗液清洗　铬酸洗液的配制方法：称 5 g 粗重铬酸钾溶于 10 mL 热水中，稍冷，边搅拌边慢慢加入 100 mL 浓硫酸，冷却后使用。容量仪器不能用去污粉和毛刷刷洗（避免磨损器壁，使体积发生变化），故常用铬酸洗液清洗。铬酸洗液因具有强氧化能力且对玻璃的腐蚀作用小，曾经得到广泛使用，目前考虑到六价铬对人体有害，应尽可能少用。必须使用时，注意不要溅到身上，以防烧坏衣服和腐蚀皮肤。铬酸洗液可以重复使用，且洗后第一次用自来水冲洗的水应回收，不能倒入下水道，以防腐蚀水槽和下水道。

洗涤容器时应遵循少量（每次用少量的洗涤剂）多次的原则，这样既节约，又能提高效率。玻璃仪器清洗干净的标准是：用水冲洗后，仪器内壁能均匀地被水润湿而不沾附水珠。如果仍有水珠沾附内壁，说明仪器还未洗净，需要进一步进行清洗。

3.3.2　干燥

有时玻璃仪器洗涤干净后就可用来做实验，但有些实验需要在无水条件下进行，因此仪器常需要干燥后才能使用。常用的干燥方法如下。

（1）倒置晾干　仪器洗净后倒置在滴水架或专用柜中，任其滴水晾干，这种方式适用于烧杯、试管、锥形瓶、量筒、容量瓶、移液管等仪器的干燥。

（2）加热烘干　洗净的仪器可以放在电烘箱（温度控制在 105 ℃左右）内烘干。烘前尽量把水倒干。一些常用的烧杯、蒸发皿可置于石棉网上用小火烤干。试管可以直接用酒精灯烤干，但必须使试管口向下，以免水珠倒流，使试管炸裂。对于带有刻度的计量仪器，因为加热会影响仪器的精密度，故不能用加热的方法进行干燥。

（3）用气流干燥器吹干　在仪器洗净后，先将仪器内残留的水分甩干，然后把仪器套在气流干燥器的多孔金属管上，注意调节热空气的温度。气流干燥器不宜长期使用，否则易烧坏电机和电热丝。

（4）冷风吹干　带有刻度的计量仪器，如移液管、容量瓶等，不能采用加热的方法干燥，但可以用冷风吹干。吹前用酒精等易挥发的水溶性有机溶剂冲洗，可更快吹干。

3.3.3　加热

有些化学反应需要在较高温度下才能进行，许多实验操作如溶解、蒸发、灼烧、蒸馏、回流等也都需要加热。加热是化学实验中常见的基本操作。

1. 加热装置

化学实验中常用的加热仪器有酒精灯、电炉和电加热套、恒温水浴锅等。

1）酒精灯

酒精灯由灯罩、灯芯和灯壶三部分组成，如图 3-3-1 所示。添加酒精时，应在灯熄灭的情况下，取出灯芯，借助漏斗将酒精注入。酒精的加入量不应超过灯壶容积的 2/3。点燃酒精灯，必须使用火柴，绝不能用另一个燃着的酒精灯点燃，以免洒出酒精引起火灾（见图 3-3-2）。熄灭酒精灯时，应用灯罩盖上，不要用嘴吹；片刻后，还应将灯罩再打开一次，再盖上，以免冷却后盖内负压使灯罩打开困难。

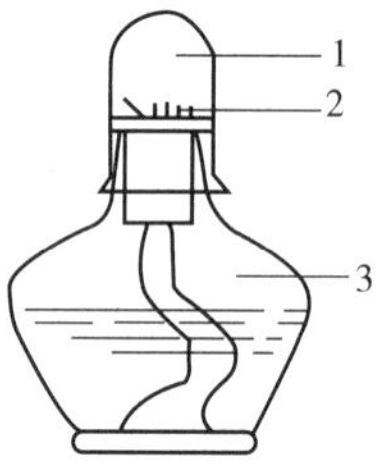

1—灯罩；2—灯芯；3—灯壶

图 3-3-1　酒精灯

图 3-3-2　点燃方法

酒精灯的加热温度可达 500 ℃，适用于加热温度无须太高的实验。

2）电炉和电加热套

电炉（图 3-3-3）有多种规格。使用时一般先在电炉丝上放一块石棉网，再放上需要加热的仪器，这样可使加热均匀。温度可以通过调节电压来控制。此外，还应注意不要把加热的药品溅在电炉丝上，以免腐蚀或损坏电炉。

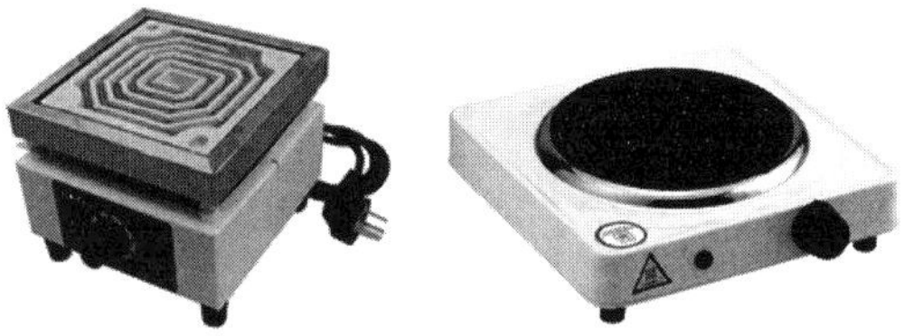

图 3-3-3　电炉

电加热套（图 3-3-4）是玻璃纤维包裹着电炉丝织成的“碗状”电加热器，温度由控温装置调节，可达 400 ℃左右。它的容积一般与烧瓶的容积相匹配，从 50 mL 起，各种规格都有。用电加热套加热有机反应，由于没有明火，不易引起火灾，比较安全，热效率也高。有机实验中，电加热套常用作蒸馏、回流等操作的热源。在蒸馏或减压蒸馏时，随着瓶内物质的减少，容易造成瓶壁过热，使蒸馏物被烤焦炭化，可选用稍大一号的电热套或降低电热套的高度来防止这种情况的发生。

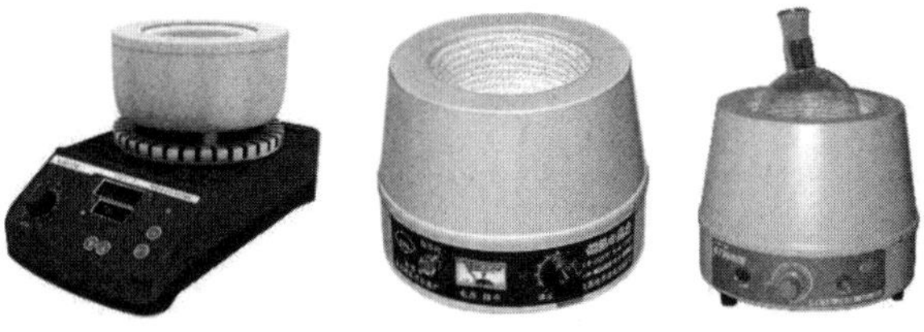

图 3-3-4　电加热套

3）恒温水浴锅

恒温水浴锅（图 3-3-5，简称水浴锅）带有自动控温系统，使用方便。水浴锅的盖子由一组大小不同的同心金属圆环组成，根据要加热的器皿的大小去掉或增加部分圆环，原则是尽可能增大容器的受热面积而又不使器皿掉进水浴锅中。水浴锅内的水量不要超过其容积的 2/3。根据需要直接进行温度设定即可。加热时注意随时补充水浴锅中的水，切勿烧干。若用于加热试管，可以先将烧杯放入水浴锅，再将试管放入烧杯，然后进行水浴加热。在烧杯上放上蒸发皿，也可作为简易的水浴加热装置，进行蒸发浓缩。

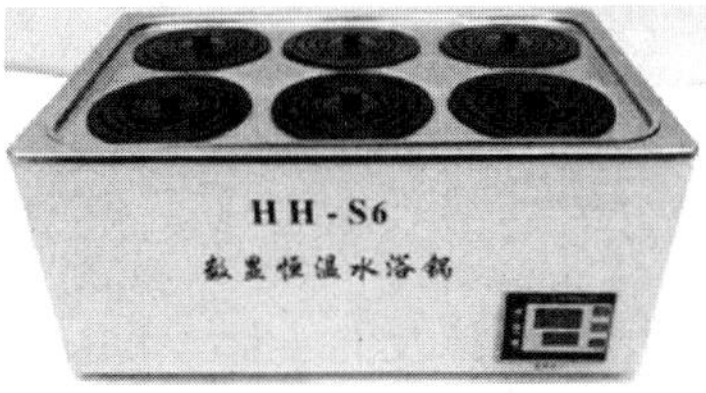

图 3-3-5　恒温水浴锅

2. 加热操作

加热操作可分为直接加热和间接加热两种。

1）直接加热

直接加热是将被加热物直接放在热源中进行加热，如在酒精灯上加热试管、灼烧等。

（1）加热试管中的液体　在试管中加热液体时，液体量不应超过试管容积的 1/3，且必须用试管夹夹持试管，管口稍向上倾斜（图 3-3-6），注意管口不要对着他人和自己，以免沸腾的溶液喷出伤人。加热时，应先预热，先加热液体的中上部，再加热底部，并上下移动，使各部分液体均匀受热。

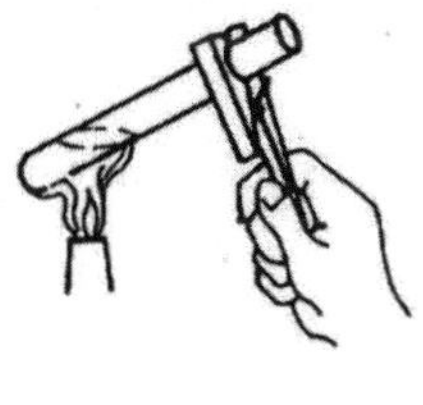

图 3-3-6　加热试管中的液体

（2）加热烧杯、烧瓶中的液体　使用烧杯、烧瓶加热液体时，必须在仪器下面垫上石棉网，使仪器受热均匀。加热烧瓶时还应该用铁夹将其固定。加热的液体量不应超过烧杯容积的 1/2 和烧瓶容积的 1/3。加热烧杯时要加以搅拌以免暴沸，加热烧瓶时要视情况放入 1~2 粒沸石。

(3)在试管中加热固体　在试管中加热固体时，应该用铁架台和铁夹固定试管或用试管夹夹持试管，管口略向下倾斜（图 3-3-7），以防止凝结在管口处的水珠倒流回灼热的管底使试管破裂。

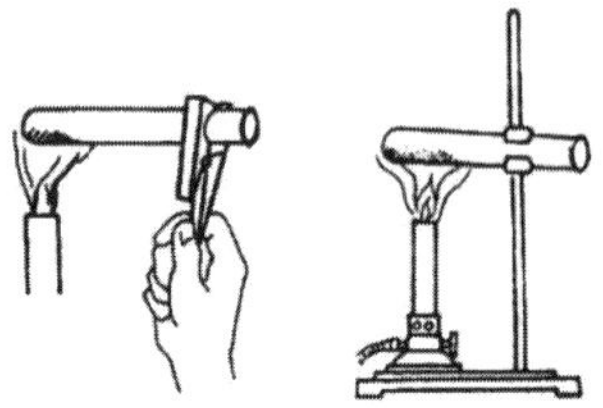

图 3-3-7　加热试管中的固体

(4)固体的灼烧　高温灼烧或熔融固体使用的仪器是坩埚。应根据所装物料的性质及需加热的温度选用不同材质的坩埚，如瓷坩埚、氧化铝坩埚、金属坩埚等。如图 3-3-8 所示，加热时，应将坩埚置于泥三角上，用氧化焰灼烧，而不要使用还原焰，以免坩埚外部结上炭黑。先用小火将坩埚均匀加热，然后加大火焰灼烧坩埚底部。根据实验要求控制灼烧温度和时间。夹取高温下的坩埚时，必须使用干净的坩埚钳。坩埚钳用前先在火焰上预热一下，再去夹取坩锅。坩埚钳使用后，应使尖端朝上放在桌子上，以保证坩埚钳尖端洁净。用煤气灯灼烧，温度一般可达 800 ℃；若需在更高温度下灼烧，可使用马弗炉，用马弗炉可精确地控制灼烧温度和时间。

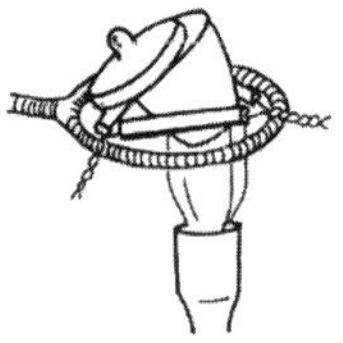

图 3-3-8 灼烧坩埚

2）间接加热

间接加热是先用热源将某些介质加热，介质再将热量传递给被加热物的加热方式。这种方法称为热浴。常见的热浴方法有水浴、油浴等，热浴的优点是加热均匀，升温平稳，并能使被加热物保持一定的温度。本书涉及的实验一般采用水浴加热。水浴加热是在恒温水浴锅中进行的，恒温水浴锅带有自动控温系统，使用方便。

3.3.4　冷却

某些化学反应需要在低温条件下进行，还有一些反应需要及时移除反应放出的热量，有的制备操作（如结晶、液态物质的凝固等）也需要低温冷却。与加热一样，冷却也是化学实验中常见的基本操作。实验时可根据所要求的温度条件选择不同的冷却剂（即制冷剂）。

常用制冷剂及其最低制冷温度见表 3-3-1。

表 3-3-1　常用制冷剂及其最低制冷温度

制冷剂	最低温度/℃	制冷剂	最低温度/℃
冰-水	0	$CaCl_2 \cdot 6H_2O$-冰（1∶1）	−29
NaCl-碎冰（1∶3）	−20	$CaCl_2 \cdot 6H_2O$-冰（1.25∶1）	−40.3
NaCl-碎冰（1∶1）	−22	液氨	−33
NH_4Cl-冰（1∶4）	−15	干冰	−78.5

续表

致冷剂	最低温度/℃	致冷剂（质量比）	最低温度/℃
NH_4Cl-冰（1∶2）	−17	液氮	−196

注：制冷剂后括号内的比值为质量比。

使用液态气体时，为了防止低温冻伤事故发生，必须戴皮（或棉）手套和防护眼镜。低温冷浴一般也不要用手直接触摸制冷剂（可戴橡皮手套）。测量 −38 ℃以下的低温时，不能使用水银温度计（Hg 的凝固点为 −38.87 ℃），应使用低温酒精温度计等。此外，使用低温冷浴时，为防止外界热量的传入，冷浴外壁应使用隔热材料包裹覆盖。

3.4 试纸与滤纸

3.4.1 试纸

在实验室中，经常使用某些试纸来定性检验一些溶液的性质或某些物质的存在，此法操作简单、使用方便且反应快速。试纸种类有很多，常用的有 pH 试纸、石蕊试纸、淀粉-碘化钾（KI）试纸等。

（1）用试纸检测溶液的酸碱性　pH 试纸和石蕊试纸常用于检测溶液的酸碱性和 pH，使用方法相同。将小块试纸放在干燥清洁的点滴板上，再用玻璃棒蘸取待测溶液，滴在试纸上，观察试纸颜色的变化（不能将试纸投入溶液中检测），将 pH 试纸呈现的颜色与标准色板的颜色比对，可知溶液的 pH，从而得出溶液的酸碱性。有时由于待测溶液浓度过大，试纸颜色变化不明显，应适当稀释后再比较。注意，用过的试纸不能扔进水槽内。

pH 试纸可分成两类：一类是广泛 pH 试纸，其变色范围对应的 pH 为 1~14，以 1 个 pH 为变化间隔，用于粗略检测溶液的 pH；另一类是精密 pH 试纸，以 0.1 个 pH 为变化间隔，用于比较精确地检测溶液的 pH，精密试纸的种类有很多，可以根据不同的需求选用。

（2）用试纸检验气体　pH 试纸或石蕊试纸也常用于检验反应产生的气体的酸碱性。检验方法为：用蒸馏水润湿试纸并将试纸沾附在干净的玻璃棒的尖端，将试纸放在试管口的上方（不能接触试管），观察试纸颜色的变化。不同试纸检验的气体不同。淀粉 -KI 试纸可用于检验 Cl_2，其原理为：当 Cl_2 遇到该试纸时，将 I^- 氧化为 I_2，I_2 立即与试纸上的淀粉作用，使试纸变蓝。乙酸铅（$Pb(OAc)_2$[①]）试纸可用于检验 H_2S，其原理为：H_2S 遇到该试纸后，生成黑色的硫化铅（PbS）沉淀，使试纸呈黑褐色。

① 乙酸（CH_3COOH）通常简写为 HOAc，OAc^- 表示乙酸根。

3.4.2 滤纸

化学实验室中常用的滤纸有定量分析滤纸和定性分析滤纸两种，按过滤速度与分离性能的不同，又分为快速、中速和慢速三种。一般情况下，定性滤纸用于化学定性分析和相应的过滤分离，定量滤纸主要用于过滤后需要灰化称量分析实验，即定量化学分析中重量法分析试验和相应的分析试验。国家标准《化学分析滤纸》（GB/T 1914—2017）对定量滤纸和定性滤纸的分类、型号和技术指标以及实验方法等进行了规定。其中优等品的主要技术指标如表 3-4-1 所示。

表 3-4-1　定量和定性分析滤纸优等品的主要技术指标

指标名称		快速	中速	慢速
滤水时间①/s		≤35	>35~70	>70~140
型号	定性滤纸	101	102	103
	定量滤纸	201	202	203
湿耐破度/mmH_2O		≥130	≥150	≥200
灰分/%	定性滤纸	≤0.11		
	定量滤纸	≤0.009		
定量②/（$g \cdot m^{-2}$）		80.0 ± 4.0		
圆形纸直径/mm		55、70、90、110、125、150、180、230、270		
方形纸尺寸/（mm × mm）		600 × 600、300 × 300		

注：①滤水时间是指把滤纸对折后再对折，折成纸锥，然后将滤纸完全浸湿，取 25 mL 水进行过滤，开始滤出的 5 mL 不计，然后用秒表计量滤出 10 mL 水所需要的时间。

②定量指规定面积内滤纸的质量，是造纸工业术语。

3.5 基本度量仪器及其使用

3.5.1 称量仪器及其使用

化学实验室最常用的称量仪器是天平。天平的种类较多，常用的有托盘天平、电子天平等。随着电子技术的迅速发展，电子天平以其操作简便、称量速度快、准确度高、智能化功能强的特点逐步取代了机械天平，并在高校、科研院所和企业中得到广泛应用。各种天平的精确度不一样，使用时应根据称量的要求选取合适的天平。下面对通识化学实验室中常见的普通电子天平和电子分析天平进行介绍。

1. 普通电子天平

精确度为 0.1 g 的普通电子天平又称台秤，一般能称准至 0.1 g，用于称量准确度要求不高的样品，如图 3-5-1 所示。

普通电子天平使用简单方便，以天马 TD-C/K 系列电子天平为例，校准后开机预热 30 min 就可以使用，首先按“TARE”（去皮）键，然后进行样品的称量，待数值稳定后即可读取质量数。校准方法如下：开机预热 30 min，按下“TARE”（去皮）键，使天平读数归零；在秤盘上未放置任何物体的情况下，按住“CAL”（校准）键，经过 3 s 显示屏显示“--CAL--”即刻松手，稍后显示闪烁的“校准砝码值”字样，这时将对应的砝码置于秤盘上，显示“------”等待状态，稍后显示“校准砝码值”字样，此时将秤盘上的砝码取下，显示又变为“------”，稍后显示零位，校准结束。

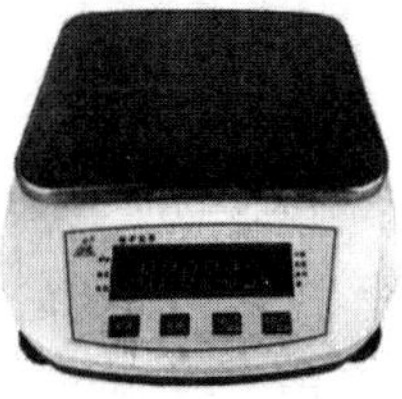

图 3-5-1　普通电子天平（精确度为 0.1 g）

2. 电子分析天平

电子分析天平是利用电磁力平衡的原理进行设计的，它实际上是测量地球对放在秤盘上的物体的引力（重力）的仪器。其测量结果与重力加速度密切相关。因此，大多数电子分析天平设有校准功能，可以根据天平的使用地点实施重力加速补偿校准。BSA124S 型天平显示屏及控制板如图 3-5-2 所示。

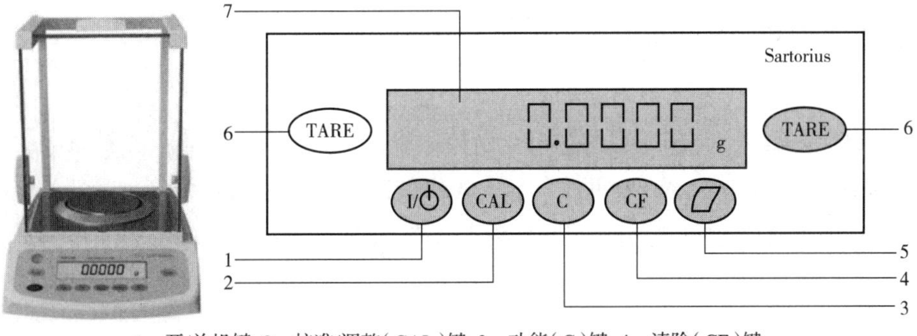

1—开/关机键；2—校准/调整（CAL）键；3—功能（C）键；4—清除（CF）键；
5—打印键；6—去皮/调零（TARE）键；7—显示屏

图 3-5-2　BSA124S 型天平显示屏及控制板

1）使用方法

电子分析天平的开机、校准等均由实验室工作人员负责完成。使用前应检查水平仪，若气泡位于正中间，可正常使用；若气泡不在正中间，应通过调节天平前方左、右两个水平支脚使气泡位于正中间后再使用。使用电子分析天平称量物体的具体操作步骤如下。

①按下开/关机键，显示屏很快出现“0.0000 g”（对于精度为万分之一的电子天平），如图 3-5-2 所示。

②打开称量罩门，将被称物轻轻放在秤盘中央，可看见显示屏上的数字在不断变化，关上罩门，待数字稳定并出现质量单位“g”后，即可记录称量结果。

③称量完毕，取下被称物。如果不久后还要继续使用天平，暂不按开/关机键，天平将自动保持零位；或者按一下开/关机键（但不可拔下电源插头），让天平处于待机状态，再称量时再按一下开/关机键即可使用。如果不再使用天平，应拔下电源插头，盖上防尘罩。

2）注意事项

①如果长时间没有使用天平或天平移动过位置，再次使用前应进行一次校准。校准要在天平通电预热 30 min 以后进行。程序是：调整水平；按下开/关机键；显示稳定后，示数如不为零则按一下去皮/调零键；稳定地显示“0.0000 g”后，再按下校准/调整键，天平将自动进行校准，屏幕显示“CAL”表示正在进行校准；10 s 左右，“CAL”消失，表示校准完毕，应显示“0.0000 g”；如果显示值与“0.0000 g”不同，可再按一下去皮/调零键，然后进行称量。

②电子分析天平由于体积较小、质量较轻，容易被碰移动而造成水平改变，影响称量结果的准确性。所以使用时，应特别注意动作要轻缓，防止开门及放置被称物时动作过重致使电子分析天平移动，并应时常检查水平是否改变，若改变则及时调整。

③要避免可能影响天平示值变动的各种因素，如空气对流、温度波动、容器潮湿等。热的物体必须放置于干燥器内冷却至室温后再进行称量，试剂不能直接放在秤盘上称量。

3.5.2　玻璃量器及其使用

通识化学实验室中常用的玻璃量器（简称量器）有滴定管、吸管、容量瓶、量筒等。

量器按准确度可分成 A、B 两个等级。A 级的准确度一般比 B 级高。量器的级别标志可用“一等”“二等”，“Ⅰ”“Ⅱ”，“<1>”“<2>”表示，无上述字样符号的量器，则表示无级别。

1. 滴定管

滴定管是滴定时用来准确测量操作溶液流出体积的量器。定量分析最常用的滴定管容积为 50 mL，其最小刻度为 0.1 mL，可估计到 0.01 mL，因此读数可达小数点后 2 位，一般读数误差为 0.02 mL。此外，还有容积为 10 mL、5 mL、2 mL、1 mL 的微量滴定管。滴定管一般分为有旋塞的酸式滴定管和无塞的碱式滴定管两种。酸式滴定管用来装酸性及氧化性溶液，但不适于装能腐蚀玻璃的碱性溶液。碱式滴定管的一端连接乳胶管，管内装有玻璃珠，以控制溶液的流出，乳胶管下面接一尖嘴玻璃管，可用来装碱性及无氧化性溶液，不能装能与乳胶管反应的溶液，如 $KMnO_4$、I_2、$AgNO_3$ 等溶液。滴定管除无色的外，还有棕色的，棕色滴定管用于装见光易分解的溶液，如 $AgNO_3$、$Na_2S_2O_3$、$KMnO_4$ 等溶液。

目前，以聚四氟乙烯为活塞的新型滴定管，因耐酸、耐碱又耐腐蚀，故可以盛装几乎所有的分析试剂。由于聚四氟乙烯塞具有弹性，可通过调节旋塞尾部的螺帽来调节旋塞和旋塞套间的紧密度，因此此类滴定管无须涂抹凡士林。

滴定管的使用方法如下。

1）滴定前的准备

（1）检查　对于酸式滴定管，使用前应涂油。首先应检查旋塞与旋塞套是否配合紧密。为了使旋塞转动灵活并克服漏水现象，需给旋塞涂油（如凡士林等）。具体操作为：取下旋塞，用吸水纸将旋塞和旋塞套擦干，用手指均匀地涂一薄层油脂于旋塞两头（注意不要将油脂涂在旋塞孔附近，以免旋转时堵塞旋塞孔）。将旋塞插入旋塞套，然后向同一方向旋转旋塞柄，直到旋塞和旋塞套上的油脂层全部透明为止。套上小橡皮圈。用自来水填充滴定管，将滴定管放在滴定管架上静置约 2 min，观察是否有水滴下。然后将旋塞旋转 180°，再如前检查，如漏水，应该重新涂油。若出口管尖端被油脂堵塞，可将其放入热水中温热片刻，然后打开旋塞，使管内的水突然流下（最好借助洗耳球挤压），将软化的油脂冲出。

对于碱式滴定管，使用前应检查乳胶管和玻璃珠是否完好。若乳胶管已老化，玻璃珠过大（不易操作）或过小（漏水），均应进行更换。

（2）洗涤　新的滴定管应充分清洗，可用铬酸洗液洗涤。具体操作为：在无水的滴定管中加入 5~10 mL 洗液，边转动边将滴定管放平，并将滴定管口对着洗液瓶口，使一部分洗液从管口流回原瓶，再打开旋塞，将剩余的洗液从出口管放回原瓶。若滴定管油污较多，可用温热的洗液填充滴定管并浸泡一段时间。有时，需要根据具体情况采用有针对性的洗涤液进行清洗。例如，装过高锰酸钾溶液的滴定管内壁常有残存的二氧化锰，可用草酸加硫酸溶液进行清洗。用各种洗涤剂清洗后，都必须用自来水充分洗净，并将管外壁擦干，以便观察内壁是否挂有水珠。然后再用蒸馏水清洗 3 次。最初的刷洗液应倒入废液缸中，防止腐蚀下水道。洗净的滴定管应倒夹（防止灰尘落入）在滴定管架上备用。长期不用时，应将滴定管旋塞和旋塞套擦拭干净，并夹上薄纸保存，以防旋塞和旋塞套之间粘连，造成分离困难。

（3）加入操作溶液　用操作溶液润洗滴定管，以免操作溶液被稀释。注入操作溶液约 10 mL，然后两手平端滴定管，慢慢转动，使操作溶液洗遍滴定管全部内壁。再把滴定管竖起，打开旋塞或挤压乳胶管，使溶液从出口流出。如上润洗 2~3 次后即可装入操作溶液。加入操作溶液前，应将试剂瓶中的溶液摇匀，并将操作溶液直接倒入滴定管中，不得借助其他容器（如烧杯、漏斗等）转移。

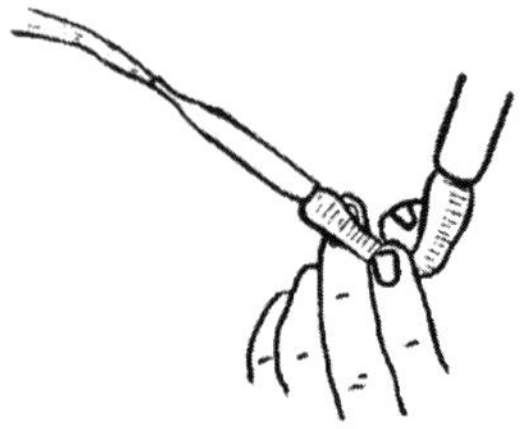

图 3-5-3　碱式滴定管排气方法

（4）滴定管下端排气　注意检查滴定管的出口管是否充满溶液。排除酸式滴定管中的气泡时，右手拿滴定管上部，并使滴定管稍微倾斜，左手迅速打开旋塞使溶液冲出（放入烧杯）。若气泡仍未能排除，可用手握住滴定管，用力上下抖动滴定管。使用碱式滴定管时，装满溶液后，捏住玻璃珠所在部位并使乳胶管向上弯曲，使溶液从管口喷出（图 3-5-3），再一边捏乳胶管一边把乳胶管放直，注意应在乳胶管放直后，再松开拇指和食指，否则出口管仍会有气泡，最后将滴定管的外壁擦干。

（5）装液读数　装满操作溶液至零刻度处，或在零刻度线稍下方，记录读数。然后将滴定管夹在滴定管架上，滴定管下端如有悬挂的液滴，应除去。

2）滴定

（1）滴定管读数注意事项　装入或放出溶液后，必须等待 1~2 min，使附着在内壁上的溶液流下来，再进行读数。如果放出溶液的速度较慢，如滴定到最后阶段，每次只加半滴溶液时，等待 0.5~1 min 后方可读数。每次读数前要检查管壁是否挂有水珠，管尖是否有气泡。

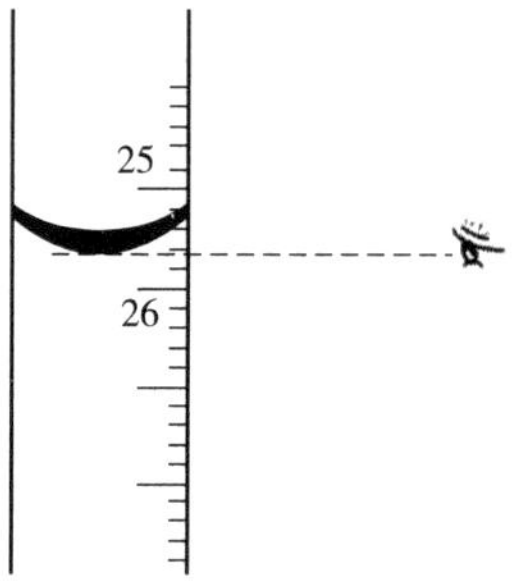

图 3-5-4　读数视线的位置

读数时用手拿滴定管上部无刻度处，使滴定管保持自然下垂。对于无色或浅色溶液，应读取弯月面下缘最低点。读数时，视线在弯月面下缘最低点处，且与液面水平（图 3-5-4）；溶液颜色太深时，可读液面两侧的最高点。无论采用哪种读数方法，都应注意初读数与终读数采用同一标准。

（2）滴定操作　进行滴定时，应将滴定管垂直地夹在滴定管架上。滴定是定量分析的基本操作，必须熟练掌握相关操作要点（图 3-5-5 至图 3-5-8）。滴定时以瓷板或白纸为背景，用锥形瓶或烧杯承接操作溶液。

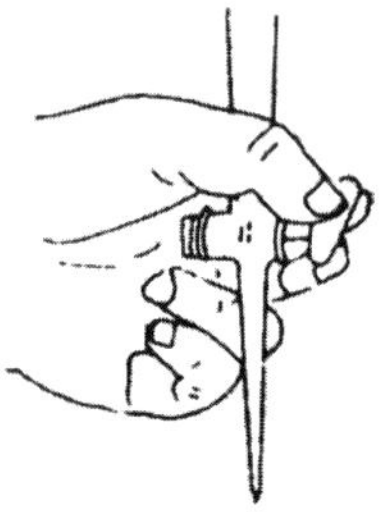

图 3-5-5　酸式滴定管的操作

图 3-5-6　碱式滴定管的操作

使用酸式滴定管时，左手无名指和小指向手心弯曲，轻轻地贴着出口管，用其余三指控制旋塞的转动。注意不要向外拉动旋塞，也不要用手心顶着旋塞末端而向前推动旋塞，以免使旋塞移位而造成漏液。

使用碱式滴定管时，左手无名指及小指夹住出口管，拇指与食指在玻璃珠所在部位往一旁（左右均可）捏乳胶管，使溶液从琉璃珠旁的空隙处流出。

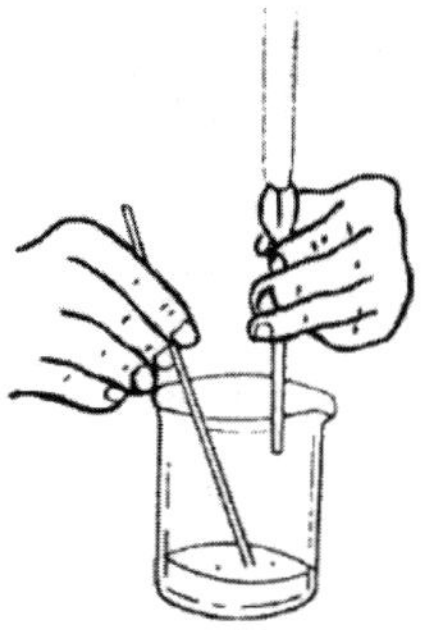

图 3-5-7　在烧杯中进行滴定的操作

图 3-5-8　在锥形瓶中进行滴定的操作

在烧杯中进行滴定时，不能摇动烧杯，应将烧杯放在白瓷板上，调节滴定管的高度，使滴定管下端伸入烧杯中心的左后方处，但不要靠壁过近。右手持玻璃棒在右前方搅拌溶液或用磁子搅拌。在左手滴加溶液的同时，玻璃棒应顺时针沿着杯壁轻轻搅动。当加半滴溶液时，用玻璃棒下端承接悬挂的半滴溶液，放入溶液中搅拌。滴定过程中，玻璃棒上沾有溶液，不能随便拿出。

在锥形瓶中进行滴定时，用右手前三指拿住瓶颈，使滴定管的下端伸入瓶口内约 1 cm。左手按前述方法滴加溶液，右手运用腕力摇动（注意：不是用胳膊晃动）锥形瓶，边滴边摇。

（3）滴定操作的注意事项　进行滴定操作时，应注意以下事项。

①滴定时，左手不能离开旋塞任其自流。

②滴定开始时，滴定速度可稍快，但不要使溶液流成“水线”。接近终点（局部出现指示剂颜色转变）时，应改为每加一滴，都要注意观察液滴落点周围溶液颜色的变化。最后每加半滴即摇动锥形瓶，直到溶液出现明显的颜色变化即停止滴定。

③加半滴溶液的方法如下：对于酸式滴定管，微微转动旋塞，使溶液悬挂在出口管嘴上，形成半滴，用锥形瓶内壁将其沾落，再用洗瓶以少量蒸馏水吹洗瓶壁；用碱式滴定管滴加半滴溶液时，应先松开拇指与食指，将悬挂的半滴溶液沾在锥形瓶内壁上，再放开无名指与小指，这样可以避免出口管尖出现气泡。

④滴定结束后，滴定管内剩余的溶液应弃去，不得将其倒回原试剂瓶中，以免污染整瓶操作溶液。

（4）滴定管使用后的处理　滴定管用毕后，将剩余液体倒出，之后用水洗净，然后用纯水充满滴定管，并用盖子盖住管口，或用水洗净后倒置在滴定管架上。

2. 吸管

吸管是一种量出式仪器，一般用于准确量取一定体积的液体。

吸管的种类较多。无分度吸管通称移液管，它的中腰膨大，上下两端细长，上端刻有环形标线，膨大部分标有容积和标定时的温度。使用方法为：将溶液吸入管内，使液面与标线相切，再放出，则流出的溶液体积等于管上标示的容积。常用移液管的容积有 1 mL、2 mL、5 mL、10 mL、25 mL、50 mL 等。由于读数部分管径小，其准确度高。

分度吸管又称吸量管，可以准确量取刻度范围内所需的某一体积的溶液，但其准确度差一些。使用方法为：将溶液吸入，读取与液面相切的刻度（一般为零），然后将溶液放出至适当刻度，两刻度之差即为放出溶液的体积。

吸管的使用方法如下。

（1）清洗 将吸管插入洗液中，用洗耳球将洗液慢慢吸至管容积 1/3 处，用食指按住管口，将吸管横置淌洗，然后将洗液放回原瓶，再用自来水及纯水冲洗至内壁不挂水珠，用滤纸擦去管外的水。

（2）润洗 量取溶液前，先用少量该溶液将吸管内壁润洗 2~3 次。

（3）量取液体 将管口插入溶液中（在移液过程中，注意保持管口在液面以下，以防吸入空气），如图 3-5-9 所示，用洗耳球将溶液吸至稍高于刻度处，迅速用食指按住管口。取出吸管，使管尖靠着瓶口，用拇指和中指轻轻转动吸管，并稍微放松食指，使溶液慢慢流出，同时平视刻度，到溶液弯月面下缘与刻度相切时，立即按紧食指。然后使接收容器倾斜 45°，将吸管移入容器中，使吸管竖直，管尖靠着容器内壁，放开食指，让溶液自由流出（图 3-5-10）。待溶液全部流出后，按规定再等 15 s，之后取出吸管。在使用非吹出式吸管或无分度吸管时，切勿将残留在管尖的溶液吹出。吸管用后应洗净，放置于吸管架上。

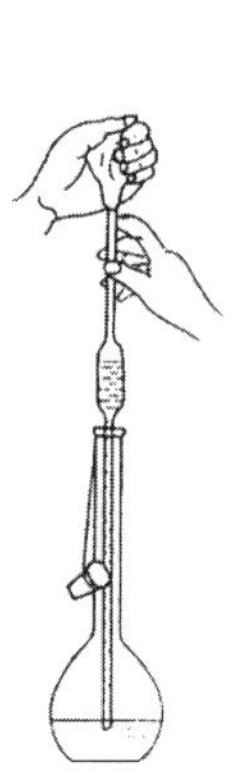

图 3-5-9 用洗耳球吸取溶液

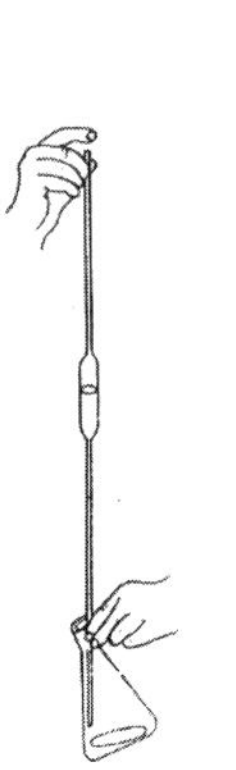

图 3-5-10 移液管的使用

3. 容量瓶

容量瓶是一种细颈梨形的平底瓶，具磨口玻璃塞或塑料塞，瓶颈上刻有标线。瓶上标有容积和标定时的温度。当液体充满至标线时，瓶内所装液体的体积和瓶上标示的容积相同（量入式仪器）。常用的容量瓶有 10 mL、25 mL、50 mL、100 mL、250 mL、500 mL、1 000 mL 等多种规格，每种规格又分无色与棕色两种。容量瓶主要用于将精密称量的物质准确地配制成一定容积的溶液，或将准确容积的浓溶液稀释成准确容积的稀溶液，这种过程通常称为定容。它常和吸管配合使用，可将某种物质的溶液分成若干等份，用以进行平行测定。

容量瓶使用前需要洗净，洗涤原则与方法与滴定管基本相同。此外，容量瓶使用前需要检漏：先用容量瓶盛约 1/2 容积的水，盖好瓶塞，然后用左手食指按住瓶盖，其余手指拿住瓶颈标线以上部位，右手托住瓶底边缘，倒置容量瓶，检查瓶塞周围有无漏水现象，如不漏水，将瓶直立，转动瓶塞 180°，再次检查是否漏水，如仍不漏水，方可使用。

使用容量瓶配制准确浓度溶液的方法如下。

（1）称量 准确称量固体的质量或者量取浓溶液的体积。

（2）溶解 将固体或浓溶液放入烧杯中，加少量纯水（或溶剂）使其溶解。

（3）移液 将溶液转移到容量瓶中，如图 3-5-11 所示，转移时，将玻璃棒下端靠在瓶颈内壁上，使溶液沿瓶壁流下。溶液流尽后，将烧杯轻轻沿玻璃棒上提，使附着在玻璃棒、烧杯嘴之间的液滴回到烧杯中（切不可将烧杯随便拿开，以免有液滴从烧杯嘴外边流下而损失）。

图 3-5-11 转移溶液的操作

（4）洗涤 用洗瓶挤出的水冲洗烧杯数次，每次按上法将洗涤液完全转移到容量瓶中。

（5）定容 用纯水稀释（注意：先用水将颈壁处的浓溶液冲下），当水加至容积的 2/3 处时，旋摇容量瓶，使溶液混合（注意：不能倒转容量瓶）；在加水至接近标线时，改用滴管加水至弯月面最低点恰好与标线相切。

（6）摇匀 盖紧瓶塞，一手食指压住瓶塞，另一手的拇指、中指、小指三个手指托住瓶底，倒转容量瓶，使瓶内气泡上升到顶部，摇动数次，再倒过来，如此反复倒转摇动十余次，使瓶内溶液充分混合均匀。

使用注意事项如下。①不宜在容量瓶内长期存放溶液（尤其是碱性溶液）。如溶液需使用较长时间，应将其转移到试剂瓶中，试剂瓶应预先经过干燥或用少量该溶液淌洗 3 次。②温度对量器的容积有影响，使用时要注意溶液的温度、室温以及量器本身的温度。

4. 量筒

量筒的精度低于上述三种量器，在实验室中常用来量取精度要求不高的溶液和蒸馏水。

3.6 物质的分离与提纯

3.6.1 蒸发、浓缩和结晶

蒸发、浓缩和结晶是物质制备实验中常用的操作，通过这三步操作可将产品从溶液中提取出来。例如，大部分无机化合物的溶解度随温度升高而增大，因此从溶液中使晶体析出的主要方法是蒸发和冷却：蒸发是通过蒸发掉过多的溶剂，使溶液浓缩达到饱和或过饱和后析出溶质；冷却是通过采用冷却方法，直接降低物质的溶解度而使其析出。通常情况下，这二者是结合起来使用的。

蒸发、浓缩通常在蒸发皿中进行，蒸发皿具有较大的蒸发表面，有利于液体的蒸发。里面所盛液体的量不应超过其容量的2/3，一般情况下采用水浴加热，这样可以使蒸发过程比较温和平稳。注意不要使瓷蒸发皿骤冷，以免炸裂。需要蒸发到什么程度，应视物质的溶解度而定。若物质的溶解度随温度变化不大，为了获得较多的晶体，应在结晶析出后继续蒸发（如熬盐）。若物质在高温时溶解度很大而在低温时变小，又分为两种情况：若物质的溶解度大，应蒸发至溶液表面出现晶膜（液面上漂浮一层固体），冷却即可析出晶体；若物质的溶解度小，则不必蒸发至出现晶膜，就可冷却结晶。某些结晶水合物在不同温度下析出时所带的结晶水的数目不同，制备此类化合物时应注意要满足其结晶条件。

在过饱和溶液中，加入小粒晶体（称为晶种）、摩擦器壁或搅拌溶液，常可加速晶体析出。析出晶体的颗粒大小与结晶条件有关。如果溶液浓度高、快速冷却并加以搅拌，则会析出细小晶体；静置溶液并缓慢冷却则有利于大晶体生成。从纯度上看，快速生长的细小晶体纯度较高，因为晶体上不易挟带母液和其他杂质；而大块晶体的纯度较低。但细小晶体会形成稠厚的糊状物，挟带母液不易洗净，这也会影响其纯度。

当第一次结晶的纯度不符合要求时，可将晶体加入适量的溶剂溶解，再次进行蒸发、结晶。这样第二次得到的晶体的纯度会更高。这种操作称为重结晶。根据纯度要求可以进行多次结晶。利用重结晶提纯物质，只适用于那些溶解度随温度上升而显著增大的物质，对于那些溶解度受温度影响小的物质则不适用。

3.6.2　固液分离

在化合物制备或分析的过程中，经常遇到需要将固体与液体分离的情况。本节将简要介绍经常使用的倾泻法、过滤法和离心分离法三种固液分离方法。

1. 倾泻法

当沉淀的相对密度较大或晶体颗粒较大时，静置后能较快沉降至容器底部，可用倾泻法（又称为倾析法）进行分离与洗涤。倾泻法操作如图 3-6-1 所示，待固体沉降后将玻璃棒横放在烧杯嘴处，使上层清液沿玻璃棒缓慢倾入另一烧杯内，使沉淀与溶液分离。如需洗涤，可向倾去清液的沉淀中，加入少量洗涤液（一般为蒸馏水），充分搅拌后，再沉降，用上述操作方法将清液倾出。重复洗涤数次即可将沉淀洗净。

图 3-6-1　倾泻法

2. 过滤法

过滤法是固液分离最常用的方法，常用的过滤方法有常压过滤和减压过滤。当沉淀和溶液的混合物通过过滤介质（如滤纸）时，沉淀留在滤纸上（称为滤饼），而溶液经过滤器进入容器中（称为滤液）。

1）常压过滤

此种方法最为简便，但过滤速度较慢，通常使用玻璃漏斗和滤纸来进行过滤，当沉淀物为胶体或细小晶体时，用该方法较好。过滤前，先取一张正方形滤纸，其边长约为漏斗直径的 2 倍，按图 3-6-2 所示，把滤纸折叠成四层，将滤纸的一角朝下放入漏斗中，将超出漏斗高度的滤纸折一痕迹，取出滤纸，在低于折痕 5 mm 左右处将滤纸剪成扇形，把折叠成四层的滤纸展开为圆锥形（一边为三层，一边为一层）。将滤纸放入漏斗中，滤纸的边缘应低于漏斗边缘 5 mm 左右，用水润湿滤纸，使滤纸与漏斗内壁贴紧，用手指轻压滤纸，将气泡赶掉，以防产生的气泡影响过滤速度。

如图 3-6-3 所示，常压过滤时应注意如下几点。①调整漏斗架的高度，使漏斗尖端紧靠接收器的内壁，避免溶液溅出。②用倾泻法将溶液沿玻璃棒在三层滤纸一侧缓慢倾入，注意液面高度应低于滤纸 2~3 mm，避免少量沉淀因毛细作用超过滤纸上缘，附着在漏斗内壁而造成损失。③如沉淀需洗涤，应待溶液转移完毕，向盛有沉淀的容器中加入少量溶剂并充分搅拌，待沉淀沉下后再将上层溶液倒入漏斗，重复洗涤两三遍，最后将沉淀取出进行进一步处理。洗涤沉淀要遵循“少量多次”的原则，既洗净沉淀，又尽可能地减少沉淀的溶解损失。此外，过滤与洗涤必须相继进行，不能间断，否则沉淀干涸，难于洗涤。

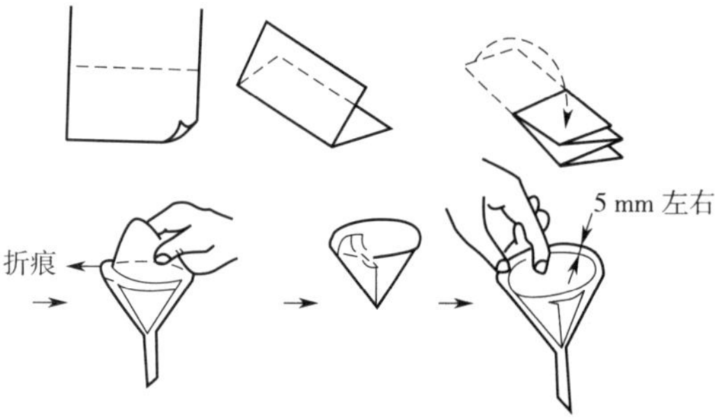

图 3-6-2　滤纸的折叠与放置步骤

图 3-6-3　常压过滤

2）减压过滤

减压过滤又称为抽滤或真空过滤，利用循环水式多用真空泵（简称真空泵）使抽滤瓶中的压强降低，从而达到固液分离的目的。此法可大大加快过滤的速度，并能把沉淀抽吸得比较干燥，但不适用于过滤胶体沉淀和颗粒太小的沉淀，因为胶体沉淀在快速过滤时易穿透滤纸，颗粒太小的沉淀则易在滤纸上形成密实的沉淀层，使溶液不易透过。

减压过滤装置如图 3-6-4 所示。操作前先用橡皮塞将布氏漏斗与吸滤瓶相连。布氏漏斗是瓷质平底漏斗，底部有很多小孔，滤液可通过滤纸从小孔流下。吸滤瓶用来承接滤液，其支管与抽气系统相连。安装时布氏漏斗下端斜口正对吸滤瓶支管，用耐压橡皮管把吸滤瓶与安全瓶（作用是防止倒吸）连接后再与真空泵相连。

过滤前，先剪好一张圆形滤纸，滤纸应比漏斗内径略小（但要完全覆盖漏斗中的各个小孔），用少量水润湿滤纸，打开真空泵，减压使滤纸与漏斗贴紧，然后开始抽滤。先用倾泻法将溶液沿玻璃棒倒入漏斗中，加入量不要超过漏斗容量的 2/3，最后将沉淀转移至布氏漏斗中。待抽至无液滴滴下时，停止抽滤。这时应先打开安全瓶上的放空阀，再关闭抽气系统，以防止倒吸。取下漏斗，倒扣在滤纸或表面皿上，用洗耳球吹漏斗下口，使滤纸和沉淀脱离漏斗，滤液则从吸滤瓶上口倾出（不能经支管倒出）。

如沉淀需洗涤，在停止抽气后，用尽可能少的干净溶剂洗涤晶体，减少溶解损失。应边加溶剂，边用玻璃棒轻轻翻动，至所有晶体都被溶剂浸润为止（翻动时应注意避免滤纸的松动），再进行抽气。一般洗涤一两遍即可。

如过滤的溶液有强酸性或强氧化性，为了避免溶液和滤纸作用，应采用玻璃砂芯漏斗（图 3-6-5）。由于玻璃在碱性条件下易腐蚀，因此玻璃砂芯漏斗不适用于过滤强碱性溶液。操作基本要求如上所述。

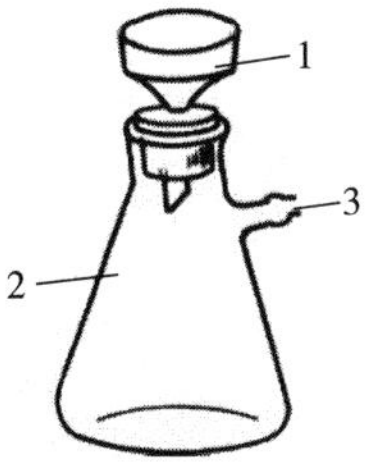

1—布氏漏斗；2—吸滤瓶；3—抽气支管

图 3-6-4　减压过滤装置

图 3-6-5　玻璃砂芯漏斗

3. 离心分离法

当被分离的溶液和沉淀的量很少时，常规过滤方法会使沉淀吸附于滤纸上，难以分离，此时可用离心分离法代替过滤。本法操作简单，分离速度快。

离心分离法是将待分离的沉淀和溶液装在离心试管中，然后将离心试管放入离心机中高速旋转，使沉淀集中在试管底部，上层则为清液。通常使用的电动离心机如图 3-6-6 所示。操作时，将盛有混合物的离心试管放入离心机管套内，在与之对称的另一管套内也放入盛有相等体积水的离心试管，使离心机在旋转时保持平衡，防止损坏离心机转轴。调整离心机转速至合适大小，调整离心时间旋钮，离心开始，逐渐加速。当停止离心时，应让离心机自行停止转动，避免用手强制其停止，停止转动后，再打开上盖，否则容易损坏离心机，而且容易发生危险。

由于离心作用，沉淀紧密聚集于离心试管底部的尖端，上方溶液则变澄清，可用滴管轻轻吸取上层清液，使之与沉淀分离（滴管末端不能接触沉淀，如图 3-6-7 所示）；也可将上清液倾出。如需洗涤沉淀，可将洗涤液滴入试管，用搅拌棒充分搅拌后，再次进行离心分离，如此反复洗涤两三遍即可。检验是否洗净的方法是将一滴洗涤液放在点滴板上，加入适当试剂，检查是否还存在应分离出去的离子，从而决定是否还要进行洗涤。

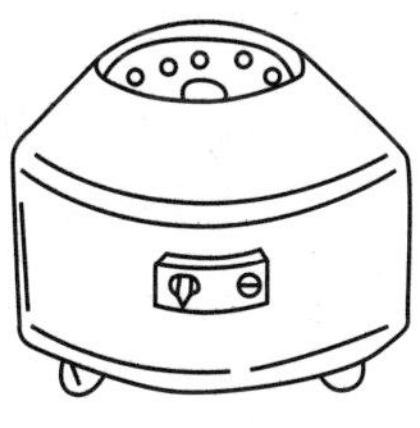

图 3-6-6　电动离心机

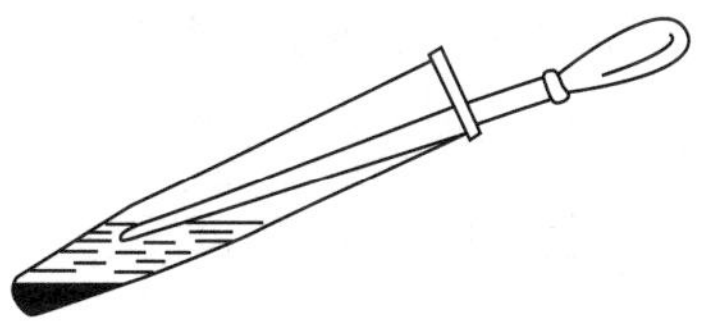

图 3-6-7　离心分离

第 4 章 实验部分

4.1 魔术系列实验

实验 4.1.1
振荡碘钟

4.1.1 碘钟实验

实验一 振荡碘钟

【实验原理】

在某些反应系统中，有些组分的浓度会忽高忽低，呈周期性变化，这种现象称为化学振荡。碘钟反应实质上是一种化学振荡反应，体现了化学动力学原理。碘钟实验早在1886 年已被瑞士化学家汉斯 · 海因里希 · 兰多尔特（Hans Heinrich Landolt）所发现。在碘钟反应中，两种（或三种）无色的液体被混合在一起，并在几秒钟后变为靛蓝色，随后经历“无色→靛蓝色→无色→靛蓝色……”的重复循环，故称为碘钟实验。碘钟反应实际可通过不同的反应系统或途径来实现，这里以 H_2O_2-HIO_3-Mn^{2+}-$CH_2(COOH)_2$ 系统为例，介绍一种简单的碘钟实验途径。

上述颜色变化的反应机理很复杂，有人解释在此反应进程中，将发生如下两个反应：

$$5H_2O_2 + 2HIO_3 \rightarrow I_2 + 5O_2\uparrow + 6H_2O$$

$$5H_2O_2 + I_2 \xrightarrow{Mn^{2+}} 2HIO_3 + 4H_2O$$

【仪器与试剂】

仪器：电子天平、容量瓶、量筒、玻璃棒、烧杯等。

试剂：过氧化氢溶液（30%）、丙二酸、硫酸锰、可溶性淀粉、硫酸溶液（$1\ mol \cdot L^{-1}$）、碘酸钾等。

→

【实验步骤】

①配制溶液 A：量取 91.9 mL 30% 过氧化氢溶液，转移到 250 mL 容量瓶里，用蒸馏水稀释到刻度，得 3.6 mol·L^{-1} 过氧化氢溶液。

②配制溶液 B：分别称取 3.9 g 丙二酸和 0.76 g 硫酸锰，分别溶于适量（40 mL）水中。另称取 0.08 g 可溶性淀粉，溶于 50 mL 左右的沸水中。把三者转移到 250 mL 容量瓶中，稀释到刻度，得到含 0.15 mol·L^{-1} 丙二酸、0.02 mol·L^{-1} 硫酸锰和 0.03%（质量含量）淀粉的混合溶液。

③配制溶液 C：称取 10.75 g 碘酸钾溶于 150 mL 热水中，再加入 40 mL 1 mol·L^{-1} 硫酸溶液酸化，转移到 250 mL 容量瓶里，稀释到刻度，得到含 0.2 mol·L^{-1} 碘酸钾和 0.16 mol·L^{-1} 硫酸的混合溶液。

④将 A、B、C 三组溶液以等体积（20 mL）混合于烧杯中，此混合溶液中含有过氧化氢 1.2 mol·L^{-1}、丙二酸 0.05 mol·L^{-1}、硫酸锰 0.006 7 mol·L^{-1}、碘酸钾 0.067 mol·L^{-1}、淀粉 0.01%（质量分数）。混合后，观察实验现象。

【实验现象记录】

实验现象记录于表 4-1-1 中。

表 4-1-1　颜色周期性变化情况记录表

周期	从无色→琥珀色→蓝紫色→无色的时刻		时间/s
	起始时刻	结束时刻	
1			
2			
3			

振荡总时间：从三种溶液相混合开始，到不再发生振荡为止（即蓝色不再褪去时，记录该蓝色开始出现的时刻），总时间为 __________ min。

【注意事项】

①反应系统由无色变为蓝紫色，几秒后褪为无色，接着又从琥珀色逐渐加深，蓝紫色又反复出现，几秒后又消失，这样周而复始地呈周期性变化。振荡周期约为 8 s，反复振荡能持续几分钟。

②碘钟反应速率与温度有关。

③溶液 A 不宜放置太久，否则过氧化氢分解失效会导致实验失败。

④随温度降低，溶液 C 中的碘酸钾会以晶体形式析出，微热后又溶解。

⑤不可随意更改药品用量，以免影响实验效果。

实验二　单向碘钟

实验 4.1.1
单项碘钟

【实验原理】

向碘酸盐中加入强还原剂（如硫代硫酸钠、亚硫酸钠、亚硫酸氢钠、焦亚硫酸钠等），能使 IO_3^- 直接还原为 I^-。以碘酸钾和亚硫酸钠为例，反应方程式为

$$KIO_3+3Na_2SO_3 \rightarrow 3Na_2SO_4+KI$$

待还原剂反应完毕后，过量的 IO_3^- 和生成的 I^- 进一步生成碘单质（酸性环境）：

$$6H^+ +5I^- + IO_3^- \rightarrow 3I_2 + 3H_2O$$

碘单质与淀粉结合会变蓝（具体来说，碘单质遇直链淀粉会变蓝，遇支链淀粉则呈紫红色）。

【仪器与试剂】

仪器：电子天平、烧杯、玻璃棒、量筒、电炉等。

试剂：碘酸钾、焦亚硫酸钠、可溶性淀粉等。

【实验步骤】

①配制溶液 A：将 1.5 g 碘酸钾溶于 250 mL 蒸馏水。

②配制 1% 淀粉溶液：先将 0.5 g 可溶性淀粉用少量水分散，然后分几次缓慢加入 50 mL 沸腾的水中，同时剧烈搅拌。全部加完后，若溶液浑浊，则继续煮沸至澄清。冷却到室温。

③配制溶液 B：将 1.5 g 焦亚硫酸钠溶于 200 mL 蒸馏水中，再加入 50 mL 1% 淀粉溶液。

④分别取 25 mL 溶液 A 放入 5 个烧杯中（编号 A、B、C、D、E），分别加入 0 mL、2.5 mL、5 mL、7.5 mL、10 mL 水。

⑤ 5 名同学配合，向 5 个烧杯中分别倒入 25 mL 溶液 B，自倒入时开始计时，记录变色时间并录像。

若反应速度过快，可适当稀释溶液。

【实验现象记录】

实验现象记录于表 4-1-2 中。

表 4-1-2　颜色出现时间记录表

烧杯编号	A	B	C	D	E
变色时间/s					

【注意事项】

①碘酸钾溶解性一般，全部溶解所需的时间较长。

②配制淀粉溶液时应保持溶液沸腾，同时添加速度不宜过快，否则淀粉无法全部溶解。

③配好的溶液 A、B 应密封保存；淀粉溶液易变质，应现用现配。

④实验结束后含碘废液可用亚硫酸钠处理。

4.1.2　滴水成冰

实验 4.1.2
滴水成冰

【实验原理】

在一定温度、压力下，溶液中溶质的浓度已超过该温度、压力下溶质的溶解度，而溶质仍不析出的现象称为过饱和现象，此时的溶液称为过饱和溶液。过饱和溶液是不稳定的，向溶液中加入一小块溶质晶体，即能引起过饱和溶液中溶质的结晶。

一般固态下含有结晶水的物质，其稳定过饱和溶液容易生成，如硝酸铜、硝酸锶、硫代硫酸钠、乙酸钠等。

【仪器与试剂】

仪器：电子天平、烧杯、玻璃棒、量筒、石棉网、表面皿（或玻璃片）、废液缸、电炉等。

试剂：无水乙酸钠等。

【实验步骤】

①用电子天平称取 60 g 无水乙酸钠，量取 60 mL 水（自来水也可）加入，不要搅拌。

②将烧杯放在垫好石棉网的电炉上加热，待固体几乎溶解时，用玻璃棒轻轻搅拌直至溶液完全澄清，不能留有肉眼可看到的杂质。

③将烧杯中得到的过饱和乙酸钠溶液趁热倒入事先备好洗净的小烧杯中（用漏斗不易溅出）。

④在烧杯上盖上表面皿或玻璃片，放入冰箱冷藏，烧杯过热可先置于有少量水的废液缸后再放入冰箱，以免损坏冰箱。

⑤若 1~2 h 后无结晶，即制成稳定的过饱和乙酸钠溶液，将其从冰箱中取出。

⑥在表面皿上放几粒乙酸钠晶体，将制成的饱和乙酸钠溶液慢慢倒在晶体上，很快就会有神奇的现象发生。若将沾有晶体的手或玻璃棒伸入溶液，则整杯溶液将瞬间“凝固”。

【注意事项】

所有仪器均需清洗干净，未冷却的过饱和乙酸钠溶液非常不稳定，遇微小杂质即容易形成晶核而导致整杯溶液结晶。

4.1.3　晴雨花

实验 4.1.3
晴雨花

【实验原理】

二氯化钴（$CoCl_2$）因盐中结晶水的数目不同而呈现不同颜色，其不同的水合物及特征颜色如下：$CoCl_2 \cdot 6H_2O$（粉红色）、$CoCl_2 \cdot 2H_2O$（紫红色）、$CoCl_2 \cdot H_2O$（蓝紫色）、$CoCl_2$（蓝色）。将二氯化钴溶液喷到纸花上，晾干后存在的物质是 $CoCl_2 \cdot 6H_2O$，所以纸花是粉红色的。当把纸花加热到 120 ℃以上，$CoCl_2 \cdot 6H_2O$ 就脱水成为 $CoCl_2$，于是纸花变成蓝色。再喷水，又变成 $CoCl_2 \cdot 6H_2O$，于是纸花又变成粉红色。二氯化钴水合物及特征颜色随温度的变化为

$$CoCl_2 \cdot 6H_2O\ (\text{粉红色}) \xrightleftharpoons{25\sim52\ ℃} CoCl_2 \cdot 2H_2O\ (\text{紫红色}) \xrightleftharpoons{90\ ℃}$$
$$CoCl_2 \cdot H_2O\ (\text{蓝紫色}) \xrightleftharpoons{120\ ℃} CoCl_2\ (\text{蓝色})$$

在日常生活中可利用二氯化钴制作晴雨花，可根据花的颜色判断空气湿度，从而了解天气变化。

【仪器与试剂】

仪器与材料：电子天平、烧杯、玻璃棒、喷雾器、吹风机、滤纸、剪刀等。

试剂：二氯化钴等。

【实验步骤】

①把滤纸剪成或折叠成自己喜欢的花朵形状。

②把二氯化钴配成 1 mol · L^{-1} 的溶液，把它装在喷雾器中，将溶液喷到纸花上，纸花呈现粉红色。

③把粉红色的花朵用吹风机吹干，纸花呈现蓝色，再在蓝色的花瓣上喷一些水雾，又恢复为粉红色的花朵。

4.1.4 喷雾作画

实验 4.1.4
喷雾作画

【实验原理】

$FeCl_3$ 溶液与不同物质反应，生成产物的颜色不同。$FeCl_3$ 遇 KSCN，溶液显红色；遇 $K_4[Fe(CN)_6]$，溶液显蓝色；遇 $K_3[Fe(CN)_6]$，溶液显绿色；遇苯酚，溶液显紫色；遇乙酸钠，溶液显褐色；遇氢氧化钠，溶液显红褐色。此外，将 $FeCl_3$ 溶液喷在白纸上，显黄色。

【仪器与试剂】

仪器与用品：白纸、毛笔、吹风机、小喷壶等。

试剂：$FeCl_3$ 溶液、KSCN 溶液、$K_4[Fe(CN)_6]$ 溶液、$K_3[Fe(CN)_6]$ 溶液、饱和乙酸钠溶液、氢氧化钠溶液（40%）、苯酚溶液等。

【实验步骤】

①用毛笔蘸取 KSCN 溶液、$K_4[Fe(CN)_6]$ 溶液、$K_3[Fe(CN)_6]$ 溶液、苯酚溶液、饱和乙酸钠溶液、40% 氢氧化钠溶液等，在白纸上绘画。

②用吹风机将白纸吹干。

③用装有 $FeCl_3$ 溶液的喷壶在绘有图画的白纸上喷上 $FeCl_3$ 溶液，即形成一幅美丽的图画。

4.1.5　大象牙膏

实验 4.1.5
大象牙膏

【实验原理】

双氧水（过氧化氢水溶液）在碘盐或二氧化锰催化下瞬间分解，产生大量水和氧气，加上适量洗洁精一类的发泡剂，可以产生大量的泡沫。因其产生的现象像使用了巨量的牙膏，就好像大象使用的牙膏，故这个实验被实验者称为“大象的牙膏”或“大象牙膏”。过氧化氢催化分解的化学反应式如下：

$$2H_2O_2 \xrightarrow{KI} 2H_2O + O_2\uparrow$$

$$2H_2O_2 \xrightarrow{MnO_2} 2H_2O + O_2\uparrow$$

【仪器与试剂】

仪器与用品：电子天平、量筒、烧杯、木条。

试剂：过氧化氢溶液（30%）、洗洁精（或洗衣液）、碘化钾、二氧化锰粉末等。

【实验步骤】

1）碘化钾作为催化剂

①用量筒量取 10 mL 30% 过氧化氢溶液，倒入烧杯中，再向烧杯中加入 2 mL 洗洁精（或洗衣液），然后加入 2 g 碘化钾固体，观察现象。

②将带火星的木条伸进生成的泡沫中，观察现象。

2）二氧化锰作为催化剂

①用量筒量取 10 mL 30% 过氧化氢溶液，倒入烧杯中，再向烧杯中加入 2 mL 洗洁精（或洗衣液），然后加入 2 g 二氧化锰粉末，观察现象。

②将带火星的木条伸进生成的泡沫中，观察现象。

4.1.6　法老之蛇

【实验原理】

$Hg(SCN)_2$ 为白色粉末，受热易分解，此反应体积膨胀很大，生成的反应物曲折生长，好似蛇形，故此反应被实验者称为“法老之蛇”。该分解反应的化学方程式如下：

$$4Hg(SCN)_2 \xrightarrow{\triangle} 4HgS + 2CS_2 + 3(CN)_2\uparrow + N_2\uparrow$$

【仪器与试剂】

仪器与用品：烧杯（400 mL）、玻璃棒、布氏滤斗、吸滤瓶、真空泵、酒精灯、滴管、锥形纸模子等。

试剂：$Hg(NO_3)_2$ 溶液（0.1 mol · L^{-1}）、$FeCl_3$ 溶液（0.1 mol · L^{-1}）、KSCN 溶液（0.1 mol · L^{-1}）、糊精等。

【实验步骤】

①向烧杯中倒入 300 mL 0.1 mol · L^{-1} $Hg(NO_3)_2$ 溶液，滴入 10 滴 0.1 mol · L^{-1} $FeCl_3$ 溶液，然后逐滴加入 60 mL 0.1 mol · L^{-1} KSCN 溶液，直到刚出现红色，经搅拌而不褪色为止。

②用吸滤瓶抽滤得 $Hg(SCN)_2$ 沉淀，取出晾干。

③向干燥后的 $Hg(SCN)_2$ 中加入适量糊精和水调成糊状，灌入锥形纸模子，晾干。

④用火点燃锥状物的尖端，有黄绿色烟产生，产物曲折生成而呈蛇状。

【注意事项】

① $Hg(SCN)_2$ 燃烧会产生剧毒物质，$Hg(SCN)_2$ 本身也有毒，故实验应在室外或通风橱中进行。

② $Hg(SCN)_2$ 不溶于水，可由 $Hg(NO_3)_2$ 和 KSCN 溶液反应制得，并以 Fe^{3+} 为指示剂，溶液变成红色时，说明 Hg^{2+} 已完全沉淀，生成沉淀的反应方程式为

$$Hg^{2+} + 2SCN^{-} \rightarrow Hg(SCN)_2$$

如果 KSCN 过量，会生成配合物而使 $Hg(SCN)_2$ 溶解。

4.2 生活小妙招

实验 4.2.1

水果电池

4.2.1 水果电池

【实验原理】

将活泼金属锌和不活泼金属铜插入水果，连上导线后就形成了原电池。在锌铜原电池中，锌片为负极，失去电子，发生氧化反应，电子转移至铜片后，与水果中的果酸反应。

【仪器与用品】

锌片（或铁片）、铜片、导线、LED（发光二极管）灯、万用表、苹果等。

【实验步骤】

①将锌片（或铁片）和铜片插入苹果中，用导线连接万用表组成回路，测得电压。

②将苹果切成两半，将其串联，再次测得电压。

③再次将苹果切开，串联三块苹果，将 LED 灯串联进回路，观察灯泡是否亮。

④可继续串联多块苹果，测定电压或观察灯泡亮度。

【思考题】

还可以用哪些常见的水果制作电池?

4.2.2　当维生素 C 遇上碘

实验 4.2.2 当维生素 C 遇上碘

在生活中，使用碘伏消毒可能会将衣服染色，并且水洗并不能使其褪色，那么怎样可以洗去碘伏呢?

【实验原理】

碘伏是一种中效杀毒剂，遇上维生素 C 会发生氧化还原反应，这是一类强烈的反应，只需少量物质即可发生完全的褪色反应。反应原理是：维生素 C 分子中有两个相邻的烯醇结构，很容易被氧化，所以维生素 C 具有很强的还原性，而碘伏具有较强的氧化性。该反应中碘伏是氧化剂，维生素 C 是还原剂。碘伏本身是浅棕色，用水稀释后的碘伏遇到维生素 C 会变成无色，该过程发生氧化还原反应。

【试剂与用品】

碘伏、维生素 C 片、白大褂、棉签等。

【实验步骤】

①用棉签将碘伏涂于白大褂上。

②将维生素 C 片用水润湿，涂于被碘伏染色的地方，可观察到棕色很快褪去。

4.3　固体酒精的制作及化学说“法”系列实验

近年来家庭或餐馆火锅用餐，以及野外作业和旅游野餐，常使用固体酒精作为燃料。固体酒精的制作方法是，在工业酒精（乙醇）中加入凝固剂，使之成为胶冻状。使用时用一根火柴即可点燃，燃烧时无烟尘、无毒、无异味，火焰温度均匀，可达到 600 ℃左右。250 g 固体酒精可以燃烧 1.5 h 以上，使用固体酒精比使用电炉、酒精炉都节约、方便、安全。因此，它是一种理想的方便燃料。使液体酒精固化的固化剂主要有乙酸钙、硝化纤维、高级脂肪酸等。

【实验目的】

①掌握固体酒精的制作原理及方法。

②了解化学在刑侦中发挥的作用，增强学科认同感。

4.3.1 利用乙酸钙制作固体酒精

实验 4.3.1
乙酸钙固
体酒精

【实验原理】

乙醇与水可以任意比混溶，乙酸钙只溶于水而不溶于乙醇。当饱和乙酸钙溶液与乙醇混合时，饱和乙酸钙溶液中的水将和乙醇混合，导致乙酸钙析出，呈半固态的凝胶状物质，看上去像“胶冻”，乙醇充填其中。点燃胶状物质时，乙醇便燃烧起来。

【仪器与试剂】

仪器与用品：电子天平、烧杯、量筒、玻璃棒、漏斗、漏斗架、模具、滤纸等。

试剂：乙醇（95%）、乙酸钙等。

【实验步骤】

①在 50 mL 烧杯中加入 10 mL 蒸馏水，再加入适量（3.5 g）乙酸钙，制备饱和乙酸钙溶液，若有固体未溶解，需进行常压过滤。

②在模具中加入 10 mL95% 乙醇，再慢慢加入 4 mL 饱和乙酸钙溶液，用玻璃棒不断搅拌，很快变成凝胶状。

4.3.2 利用硬脂酸制作固体酒精

实验 4.3.2
硬脂酸固
体酒精

【实验原理】

硬脂酸，又称十八烷酸，化学式为 $CH_3(CH_2)_{16}COOH$，相对分子质量为 284，是一种白色有光泽的柔软固体，不溶于水。加热至 70~71 ℃时，硬脂酸融化，并能溶于酒精（乙醇水溶液）形成溶液。当加入氢氧化钠溶液后，氢氧化钠与硬脂酸反应生成硬脂酸钠。硬脂酸钠在较高的温度下溶于酒精，冷却后以凝胶状析出。该凝胶以硬脂酸钠为长链状骨架，骨架间隙充满大量的乙醇分子，这就是固体酒精。发生的主要化学反应是

$$CH_3(CH_2)_{16}COOH + NaOH \rightarrow CH_3(CH_2)_{16}COONa + H_2O$$

固体酒精（即乙醇）燃烧，实际上是酒精燃烧。酒精燃烧后，余下的残渣即为硬脂酸钠。燃烧的化学反应为

$$CH_3CH_2OH + 3O_2 \rightarrow 2CO_2 + 3H_2O$$

【仪器与试剂】

仪器：烧杯（50 mL）、量筒（10 mL）、玻璃棒、电子天平、水浴锅等。

试剂：乙醇（95%）、硬脂酸、氢氧化钠等。

【实验步骤】

①在一个烧杯中装入 2.5 mL 水，加热至 70 ℃后，加入 5 mL 95% 酒精，再加入 3 g 硬脂酸，搅拌均匀。

②在另一个烧杯中加入 2.5 mL 水，再加入 0.67 g 氢氧化钠，搅拌，使固体溶解。

③将配制好的氢氧化钠溶液倒入盛有硬脂酸酒精溶液的烧杯中，再加入 10 mL 95% 乙醇，搅匀，趁热灌入成型的模具中，冷却后即成为固体酒精燃料。

【注意事项】

①实验中使用的反应物比例应合理，应使氢氧化钠得到充分利用，使所得产品的碱性较小，光润、色白。

②固体酒精燃烧后的剩余物是硬脂酸钠，还有极少量的硬脂酸钠燃烧后的炭化物。

【思考题】

对比 4.3.1 节与 4.3.2 节所用的两种方法得到的固体酒精外观形状的区别。

4.3.3　酒精的检测

实验 4.3.3
酒精的检测

【实验原理】

重铬酸钾（$K_2Cr_2O_7$）容易被还原，将其负载在硅胶上，可用于呼气式酒精检测。若呼出的气体内含有酒精，酒精内的乙醇会被 $K_2Cr_2O_7$ 氧化为乙酸，那么橙红色的 $K_2Cr_2O_7$ 便会变成绿色的铬（Ⅲ）离子。呼出气体中的酒精含量越高，就有越多的 $K_2Cr_2O_7$ 被还原为绿色的铬（Ⅲ）离子。当测试管中用于指示的 $K_2Cr_2O_7$ 变为绿色，并且超过了法律规定的上限时，便可判定呼出的气体中的酒精含量超出标准。

$$2K_2Cr_2O_7\text{（橙红）} + 3CH_3CH_2OH + 8H_2SO_4 \rightarrow 2Cr_2(SO_4)_3\text{（绿）} + 3CH_3COOH + 11H_2O + 2K_2SO_4$$

还可以利用高锰酸钾（$KMnO_4$）与乙醇的反应进行检测。此反应非常灵敏，即使只喝了一口啤酒，呼出的气体也可使紫红色的 $KMnO_4$ 变成绿色的 K_2MnO_4（锰酸钾）。

$$2KMnO_4\text{（紫红）} + CH_3CH_2OH + 2KOH \rightarrow 2K_2MnO_4\text{（绿）} + CH_3CHO + 2H_2O$$

【仪器与试剂】

仪器：试管、量筒、滴管、玻璃棒。

试剂：无水乙醇、$K_2Cr_2O_7$ 溶液（0.1 mol · L^{-1}）、H_2SO_4 溶液（3 mol · L^{-1}）、$KMnO_4$ 溶液（0.01 mol · L^{-1}）、NaOH 溶液（2 mol · L^{-1}）等。

【实验步骤】

①方法一：在试管中加入适量 0.1 mol · L^{-1} 橙红色的 $K_2Cr_2O_7$ 溶液，滴入等量的 3 mol · L^{-1} H_2SO_4 溶液，逐滴加入无水乙醇，观察溶液颜色的变化。

②方法二：在试管中加入适量 0.01 mol · L^{-1} 紫红色的 $KMnO_4$ 溶液，滴入 5 滴

2 mol · L^{-1} NaOH 溶液，逐滴加入无水乙醇，观察溶液颜色的变化。

【注意事项】

酒精测试仪测出的酒精含量不够准确，更精确的方法是检验血液和尿液中的酒精含量，但这种方法所需的时间较长，不够便捷。在实际操作中，交警常常综合利用酒精测试仪和验血两种方法来确定司机的醉酒程度。

实验 4.3.4
指纹的显现

4.3.4 指纹的显现

【实验原理】

检测指纹可使用碘蒸气法。指纹的油脂、汗水对碘有吸附作用，所以碘能将指纹染色，且指纹中含有的不饱和脂肪酸能与吸附的碘发生加成反应，生成碘饱和的硬脂酸，使指纹线变成褐色。由于碘能溶解在指纹印上的油脂之中，用碘蒸气熏能显示指纹。这种方法能检测出数月之前的指纹。

【仪器与试剂】

仪器与用品：白纸、试管、酒精灯、试管夹等。

试剂：碘、凡士林、乙醇（95%）等。

【实验步骤】

①制作指纹纸片。在手指上涂一层极薄的凡士林，或用手指抹一下额头（注意：只需轻轻一抹），然后将手指在白纸上压一下，这样指纹就会留在这张纸上。这时，看不出纸上有什么痕迹。

②在一支干燥的试管中加入少量碘的固体颗粒，放在酒精灯上加热，即产生紫色的碘蒸气。

③将试管倒扣在按过指纹的白纸上，使碘蒸气流出，白纸上就会显示出指纹。

④用 95% 乙醇清洗试管，将废液倒入回收桶。

【注意事项】

①手指上涂敷的凡士林不可太多，只要轻轻地涂上一薄层即可，切不可在指纹的缝隙内也涂上凡士林。

②吸附在纸上的碘蒸气不宜太多，能看到出现指纹即可。熏的时间若太长，碘结晶会逐渐长大，反而会把指纹掩盖起来。

③纸张最好不要用打印纸，因为打印纸里有大量的淀粉，与碘蒸气和水蒸气共同作用会变为蓝色，致使指纹印迹不明显。

④如果找不到碘颗粒，也可以用消毒用的碘酒代替，但是加热时间要长一些，因为碘酒中的溶剂挥发以后，才能产生碘蒸气，进而使白纸显现指纹。

4.3.5　血迹的检测

实验 4.3.5
血迹的检测

【实验原理】

血迹可使用鲁米诺进行检测。鲁米诺（luminol）即氨基苯二酰肼，也被称为发光氨，其结构如图 4-3-1 所示。

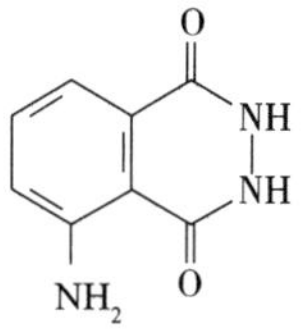

图 4-3-1　鲁米诺的结构

鲁米诺和血液的缘分与它的特性有关：鲁米诺溶于碱性溶液后，可以和一些金属催化剂（比如 Fe、Cu 等）发生氧化反应，这个反应发生时，会有额外的能量产生，这些能量通过光子的形式发散出来，产生荧光。鲁米诺的荧光机理如图 4-3-2 所示。

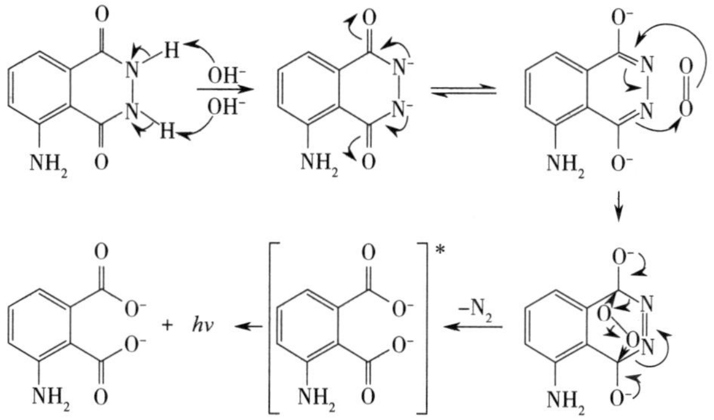

图 4-3-2　鲁米诺的荧光机理

这个原理和萤火虫体内的荧光反应很相似，在这个特别的氧化反应里，金属催化剂发挥了很关键的作用，金属催化剂的含量越高，反应就越强烈，产生的荧光就越明亮。人体血液中含有血红素，血红素中含有可以扮演金属催化剂角色的铁元素，就是因为这样，当血液和鲁米诺试剂接触时，就会产生蓝绿色的荧光。

【仪器与试剂】

仪器：试管、滴管等。

试剂：鲁米诺和氢氧化钠的混合溶液、过氧化氢溶液（30%）、铁氰化钾溶液（模拟血液）等。

【实验步骤】

①取适量的铁氰化钾溶液加入试管中。

②加入 10 滴左右 30% 过氧化氢溶液。

③在暗处向试管中加入适量的鲁米诺和氢氧化钠的混合溶液，观察现象。

【注意事项】

荧光较暗，应在黑暗条件下进行实验以便于观察。

实验 4.4
果胶提取

4.4　柑橘皮中果胶的提取

【实验目的】

①了解果胶的性质和提取原理。

②学习果胶的提取工艺，了解果胶在食品工业中的用途。

【实验原理】

果胶广泛存在于水果和蔬菜中，苹果中果胶的含量为 0.7%~1.5%（以湿品计，下同），南瓜中果胶的含量最高（7%~17%）。果胶的主要用途是作为酸性食品的胶凝剂、增稠剂和乳化剂等。目前果酱、果冻仍然是果胶的主要产品。

果胶是每个分子含有几百到几千个结构单元的线性多糖，平均相对分子质量为 50 000~180 000。其基本结构是以 α-1，4- 糖苷键结合的聚半乳糖醛酸。其中，一部分半乳糖醛酸的羧基被甲醇酯化，剩余的部分与钾、钠或铵等离子结合。高甲氧基化的果胶分子的部分链节如图 4-4-1 所示。

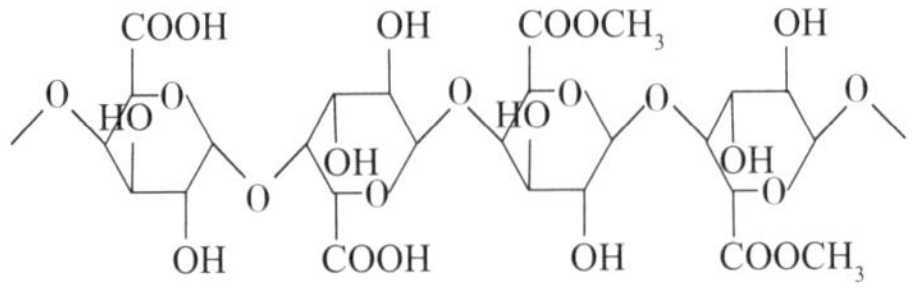

图 4-4-1　高甲氧基化的果胶分子的部分链节

果蔬中的果胶多以原果胶的形式存在。在原果胶中，聚半乳糖醛酸可被甲醇部分酯化，并以金属离子（特别是钙离子）桥将多（两）个半乳糖醛酸链残基上的游离羧基连接起来，其结构如图 4-4-2 所示。

原果胶不溶于水，用酸水解时，金属离子桥（离子键）被破坏，可得到可溶性果胶，再进行纯化干燥即为商品果胶。

甲氧基化的半乳糖醛酸残基数与半乳糖醛酸残基总数的比值称为甲氧基化度或酯化度。果胶的胶凝强度是果胶的重要质量标准之一，而影响

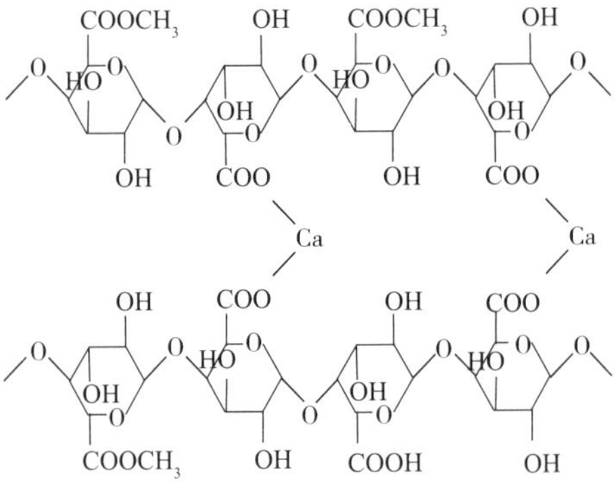

图 4-4-2　原果胶分子部分结构

胶凝强度的主要因素是果胶的相对分子质量及酯化度。酯化度增大，胶凝强度就会增大，同时胶凝速度也加快。从天然原料中提取的果胶的最高酯化度为 75% 左右，具有更高酯化度的果胶可通过将醇羟基甲氧基化来获得。理论上完全酯化的聚半乳糖醛酸的甲氧基含量是 16.32%，但实际上能达到的最高甲氧基含量是 14%。一般规定甲氧基含量大于 7% 的为高甲氧基果胶，小于或等于 7% 的为低甲氧基果胶。食品工业中高甲氧基果胶常用来制作果冻、果酱和糖果，以及在汁液类食品中用作增稠剂、乳化剂等。在酸性和碱性条件下加热果胶，会使甲酯水解、糖苷键断裂，使果胶的酯化度或相对分子质量降低，从而降低果胶的胶凝强度和胶凝速率。因此，在提取果胶时要严格控制水解温度、时间和 pH。

世界上柑橘的年产量超过 5×10^8 t，果皮质量约占总质量的 20%，为提取果胶提供了丰富的原料。故本实验以柑橘皮为原料，采用酸法萃取、酒精沉淀这一工艺路线来制备果胶。

【仪器与试剂】

仪器与用品：烧杯（100 mL、250 mL）、4 层纱布、尼龙布（250 目、150 目）、布氏漏斗、抽滤瓶、玻璃棒、滴管、电子天平、剪刀、量筒（50 mL、100 mL）、电炉、水浴锅、烘箱、真空泵、蒸发皿等。

试剂与材料：氨水（1%）、乙醇（95%）、pH=2.0~2.5 的盐酸、精密 pH 试纸、新鲜柑橘皮等。

【实验步骤】

①原材料预处理：在 250 mL 烧杯中加入 15 g 新鲜柑橘皮和 72 mL 水，加热煮沸，恒温 10 min（灭酶）。取出果皮，用水冲洗后剪成 3~5 mm 大小的颗粒，用 50~60 ℃（55 ℃水浴锅）的热水漂洗（2~3 次即可），直至漂洗水无色、果皮无异味为止。

②酸法萃取：将果皮颗粒放入 100 mL 烧杯中，加入 36 mL 稀盐酸（以浸没果皮颗粒为度），pH 控制在 2.0~2.5（已调好），加热微沸，恒温 40 min，趁热抽滤（150 目尼龙布）。

③乙醇沉淀：将脱色后的溶液冷却，用稀氨水调节 pH 为 3~4，加入等体积的 95% 乙醇（不搅拌或稍搅拌），然后静置 10 min 让果胶沉淀完全，抽滤（250 目尼龙布）得到果胶。

④将果胶置于蒸发皿中。

⑤干燥：将产品在 105 ℃下烘干，称重，计算产率，观察产品的外观。

【注意事项】

为了提高漂洗效果，每次漂洗后必须把果皮颗粒转移到纱布上挤压干后再进行下一次漂洗。

【思考题】

①提取果胶前为何要对原材料进行预处理？

②酸法提取时，加热时间的长短有何影响？

③提取果胶时，为什么要控制 pH 在 2.0~2.5？

4.5 无机染料铁黄的制备

实验 4.5
铁黄制备

【实验目的】

①了解用亚铁盐制备氧化铁黄的原理和方法。

②熟练掌握溶液 pH 的调节、沉淀的洗涤、减压过滤、结晶、干燥等基本操作。

【实验原理】

氧化铁原料无毒，化学性质稳定，色彩多样，因此其重要性与日俱增，成为无机彩色染料中生产量和消费量最大的一类。根据色泽和成分，其可以分为氧化铁红、氧化铁黄和氧化铁黑。

氧化铁黄简称铁黄，其分子式为 FeO（OH）或 $Fe_2O_3 \cdot H_2O$，粉末状，赭黄色，是化学性质比较稳定的碱性化合物，不溶于碱，微溶于酸，完全溶于热的浓盐酸，热稳定性较差。

铁黄由于具有良好的着色力、遮盖力，常用作建筑墙面粉刷剂及橡胶、造纸工业的着色剂，也可作为生产铁红、铁黑的原料。同时由于铁黄无毒，其可用作药片的糖衣着色剂和化妆品的添加剂。

本实验采用湿法亚铁盐氧化制取铁黄。制备过程分为以下两步。

1）晶种的形成

由于铁黄为晶体，因此制取时必须先形成晶核，晶核长大成为晶种。如果没有晶种的参与，就只能得到稀薄的色浆而非染料。形成铁黄晶种的过程大致分为以下两步。

（1）氢氧化亚铁胶体的生成 在一定温度下，向硫酸亚铁铵（或硫酸亚铁）溶液中加入氢氧化钠溶液（或氨水），立刻有胶状氢氧化亚铁生成，反应如下：

$$FeSO_4 + 2NaOH \rightarrow Fe(OH)_2 \downarrow + Na_2SO_4$$

氢氧化亚铁的溶解度非常小，而晶核的生成速度相当快，晶核无暇长大，因而将得到较细的粒子。一般来说，细小而均匀的晶种粒子有利于在氧化阶段得到高质量的产品，因此反应需在充分搅拌下进行。反应后溶液中要留有硫酸亚铁晶体。

（2）FeO（OH）晶核的形成 要生成铁黄晶种，需将氢氧化亚铁进一步氧化，反应如下：

$$4Fe(OH)_2 + O_2 \rightarrow 4FeO(OH) \downarrow + 2H_2O$$

此氧化过程俗称“发胶”，是一个复杂的过程，反应温度和 pH 必须严格控制在规定范围内。此步温度控制在 20 ℃左右，绝对不能超过 40 ℃；溶液 pH 保持在 4~4.5。若溶液 pH 接近中性或略偏碱性，则呈棕黑色；若 pH>9，会形成红棕色的铁红晶种；若

pH>12，会产生一系列过渡色相的铁氧化物，失去作为晶种的作用。

2）铁黄的制备（氧化阶段）

氧化阶段的氧化剂主要为 $KClO_3$。另外，空气中的氧气也参与氧化反应。氧化时必须升温，使温度保持在 80~85 ℃，溶液的 pH 控制在 4~4.5。氧化过程的化学反应如下：

$$6FeSO_4 + KClO_3 + 9H_2O \rightarrow 6FeO(OH)\downarrow + 6H_2SO_4 + KCl$$

$$4FeSO_4 + O_2 + 6H_2O \rightarrow 4FeO(OH)\downarrow + 4H_2SO_4$$

氧化反应过程中，沉淀的颜色起初为灰绿色，继而转变为墨绿色，进一步变为红棕色，最后变成淡黄色。

【仪器与试剂】

仪器：水浴锅、电子天平、真空泵、烘箱等。

试剂：$FeSO_4 \cdot 7H_2O$、$KClO_3$、NaOH 溶液（2 mol·L^{-1}）、H_2SO_4 溶液（3 mol·L^{-1}）、pH 试纸等。

【实验步骤】

①晶种的形成：称取 10 g $FeSO_4 \cdot 7H_2O$ 放入 100 mL 烧杯中，加 35 mL 蒸馏水，在 25 ℃的恒温水浴中加热搅拌 10 min 至固体溶解，其间加入 3 mol·L^{-1} H_2SO_4 溶液调节 pH<2。溶解后不断滴加 2 mol·L^{-1} NaOH 溶液调节 pH 为 2~3。

②颜料的制备：取 0.5 g $KClO_3$ 倒入上述溶液中，搅拌。将烧杯置于 85 ℃水浴锅中进行氧化反应，不断搅拌 25 min，观察溶液及沉淀颜色的变化。

③可溶性盐的去除：用 60 ℃左右的去离子水以倾泻法洗涤淡黄色颜料数次，至溶液中基本无 SO_4^{2-} 为止。

④减压过滤：减压过滤得黄色颜料滤饼，将母液倒入回收瓶，将黄色颜料滤饼转入蒸发皿中，在 85 ℃烘箱中烘干 30 min，称重，计算产率，进行产品展示。

【思考题】

①在洗涤黄色颜料的过程中如何检验溶液中基本没有 SO_4^{2-}？

②为何制得铁黄后干燥温度不能太高？

4.6　果蔬汁彩色再生纸的制作及创意作画

实验 4.6
再生纸制作

纸制品在人类生产和生活中的应用十分广泛，书本、纸袋、纸巾以及纸箱等为人类生活带来了巨大的便利。纸的制作是人类智慧的结晶。传统造纸术的主要原料是树木，随着人类对纸制品的需求越来越大，为获取更多原料而过度砍伐树木，由此带来水土流失、温室效应、沙漠化等环境问题，这些问题对人类的生存造成了严重威胁。为了减少原材料的消耗，人们将废旧用纸分类后统一处理，经过碎纸、脱墨、洗浆、制色、抄纸、烘干等流程将其生产为再生纸。再生纸可用作食品包装纸、瓦楞纸板、新闻纸、印刷纸和书写纸等，在节约自然资源的同时为人类带来了巨大的经济效益。

【实验目的】

学习再生纸的制作方法，树立环保理念。

【仪器与试剂】

仪器与用品：榨汁机、烘箱、塑料盆、造纸框、塑封机、玻璃棒、研钵、抽滤瓶、布氏漏斗、真空泵、小滤纸、剪刀、量筒（50 mL）等。

试剂与材料：废旧打印纸、菠菜（或紫甘蓝）、无水乙醇、石英砂、碳酸钙等。

【实验步骤】

①提取色素：在研钵中放入 10 g 菠菜（或紫甘蓝），加入 1 g 石英砂和 0.22 g 碳酸钙，研磨 10 min 后，加入 32 mL 无水乙醇，继续研磨 5 min。真空抽滤得色素滤液。

②制备纸浆：取 1~2 张废旧打印纸，剪成细条状或撕成块状。用 800 mL 凉水浸泡 5~10 min 后，用榨汁机将其搅碎（调“果蔬汁”挡 2 min），倒出至烧杯中，即得纸浆。

③制作再生纸：将色素滤液倒入纸浆中，混合均匀。将纸浆倒入盛有适量水的塑料盆中，用玻璃棒将塑料盆中的纸浆搅拌均匀，然后迅速将抄纸框从一侧放入水中，抄起纸浆，静置后轻轻将抄纸框水平拿出水盆，控水至不再滴水。将抄纸框放于 90 ℃烘箱中干燥 30~40 min，从抄纸框上取下再生纸。

④用水彩笔在再生纸上画出自己喜欢的图画，或用叶片、纸花等进行装饰。

⑤对再生纸进行塑封。

【注意事项】

①研磨过程中加入碳酸钙的作用是保护叶绿素不被破坏。

②研磨过程中加入石英砂的作用是使叶片研磨得更加充分。

③为了使染色效果更佳，可加入适量 NaCl，但是存在 NaCl 在乙醇中难溶的问题。

4.7　生活中常见物质的酸碱性测定

实验 4.7.1
自制指示剂
测酸碱性

【实验目的】

①学习测定常见物质酸碱性的三种方法。

②掌握 pH 试纸、pH 计的使用方法。

【实验原理】

1）用自制指示剂（紫甘蓝）测定物质的酸碱性

紫甘蓝又称红甘蓝、赤甘蓝，俗称紫包菜、紫圆白菜，是十字花科芸薹属甘蓝种中的一个变种。它的叶片呈紫红色，叶面有蜡粉，叶球近圆形。其营养丰富，富含丰富的维生素 C、维生素 E 和维生素 B。紫甘蓝除了具有很高的营养价值，还有许多神奇的作用，这里介绍用紫甘蓝测定常见物质的酸碱性。

紫甘蓝中富含花青素，花青素在酸性环境中颜色偏红，在碱性环境中颜色偏绿，所以紫甘蓝汁可以作为一种酸碱指示剂。紫甘蓝指示剂的变色范围如下：pH<6.5 时，呈粉红色；6.6<pH<7.4 时，呈紫色；7.5<pH<8.5 时，呈蓝色；8.6<pH<12 时，呈绿色；pH>12.5 时，呈黄色。

2）用 pH 试纸测定物质的酸碱性

实验 4.7.2 pH 试纸测酸碱性

试纸具有操作简易、使用方便、反应迅速的特点，化学实验中经常使用某些试纸来定性检测一些溶液的性质或某些物质的存在。常用的试纸有 pH 试纸、石蕊试纸、淀粉 -KI 试纸等。

pH 试纸主要用来检验溶液的酸碱性，详见 3.4.1 节。本实验采用广泛 pH 试纸。

3）用 pH 计测定物质的酸碱性

实验 4.7.3 pH 计测酸碱性

pH 计（又称酸度计）是一种通过测量电势差的方法来测定溶液的 pH 的仪器，除可以测量溶液的 pH 外，还可以测量氧化还原电对的电极电势及进行电位滴定等。酸度计由测量电极、参比电极和精密电位计三部分组成。两个电极插入待测溶液组成电池。参比电极是测量电池电动势过程中计算电极电势的基准，因此要求其电极电势已知且恒定。测量电极（指示电极）的电极电势随 H^+ 的浓度而改变。因此，当溶液中 H^+ 的浓度变化时，电动势就会发生相应变化。

实验室常用的酸度计有很多型号，如 pHS-2、pHS-2C、pHS-3B、pHSJ-4A 、pHSJ-5T 等，各种型号的仪器结构虽有不同，但基本原理相同。

最常用的参比电极是甘汞电极。pH 复合电极是将 pH 玻璃电极和外参比电极结合在一起的新型酸度计电极。根据外壳材料的不同，pH 复合电极分为玻璃壳和塑料壳两种；根据能否重新补充 KCl 溶液，pH 复合电极分为可充式和非可充式两种。当可充式 pH 复合电极的外参比溶液流失后，可通过电极外壳上的加液孔补充 KCl 溶液。pH 复合电极的优点是响应速度快，使用方便。

pH 复合电极不能与四氢呋喃、四氯化碳等溶剂接触，以防止塑料壳溶解。长期不用的 pH 复合电极在使用前应在 $3\ \text{mol}\cdot\text{L}^{-1}$ KCl 溶液中充分浸泡（10 h 以上），使电极活化。电极使用后应用去离子水清洗，再浸泡在 $3\ \text{mol}\cdot\text{L}^{-1}$ KCl 溶液中；若长时间不用，应用去离子水清洗后，带上电极保护套存放。

【仪器与试剂】

仪器：电子天平、封闭电炉、烧杯（250 mL）、剪刀、玻璃棒、点滴板、试管、pH 计等。

试剂：紫甘蓝、HCl 溶液（2 mol · L^{-1}）、NaOH 溶液（2 mol · L^{-1}）、pH 试纸、白醋、洁厕灵、白砂糖溶液、食盐溶液、小苏打溶液、苏打溶液等。

【实验步骤】

①称取 10 g 紫甘蓝，洗净，剪成碎片。

②将剪碎后的紫甘蓝放入烧杯中，加入 100 mL 蒸馏水加热煮沸，然后自然冷却到室温，用倾泻法将紫甘蓝溶液滤出备用。

③各取 2 mL 紫甘蓝溶液加入八支试管中，再分别加入 2 mol · L^{-1} HCl 溶液、2 mol · L^{-1} NaOH 溶液、白醋、洁厕灵、白砂糖溶液、食盐溶液、小苏打溶液、苏打溶液，观察颜色变化。

④使用 pH 试纸粗略检测白醋、洁厕灵、白砂糖溶液、食盐溶液、小苏打溶液、苏打溶液的 pH：先取小块 pH 试纸放在干燥洁净的点滴板上，再用玻璃棒蘸取待测溶液接触试纸，观察试纸颜色的变化，并与标准比色卡进行对比，记录溶液的 pH。

⑤使用 pH 计测定白醋、洁厕灵、白砂糖溶液、食盐溶液、小苏打溶液、苏打溶液的 pH。

【知识拓展】

实验 4.7.4 pHSJ-5T pH 计使用方法

pHSJ-5T 酸度计的使用方法如下。

①点击仪器上的开机图标，打开仪器，进入初始界面。

② pH 电极的标定：点击“标定 核查”，再点击“标定 pH 电极”。

③用蒸馏水冲洗 pH 电极，用滤纸吸干后，插入 pH 为 4.003 的标准液中，仪器显示“自动识别 识别成功！标称值：4.003pH”，待读数稳定后（即“Stable”进度条绿色满格），按“开始标定”图标进行第一点标定，仪器显示标定结果并贮存，按“确认”图标，再按“确认”图标保存标定结果，再按“确认”图标回到初始界面。

④ pH 的测量：点击“开始测量”图标进入测量界面，待读数稳定后（“Reading”数据标志满格稳定，并显示“Stable”），即可读数。

⑤长按开关机图标 3 s 以上即可关机。

【实验结果记录】

实验结果记录于表 4-7-1 中。

表 4-7-1　物质酸碱性测定记录表

序号	溶液名称	紫甘蓝指示剂颜色变化	pH 试纸测定结果	pH 计测定结果
1	白醋			
2	洁厕灵			
3	白砂糖溶液			

续表

序号	溶液名称	紫甘蓝指示剂颜色变化	pH 试纸测定结果	pH 计测定结果
4	食盐溶液			
5	小苏打溶液			
6	苏打溶液			
7	2 mol·L^{-1} HCl 溶液		—	—
8	2 mol·L^{-1} NaOH 溶液		—	—

4.8　探寻秋的气息——自制叶脉书签

【实验原理】

叶脉外表包围着一层表皮细胞，表皮里面是叶肉组织，贯穿在叶肉组织间的是叶脉。叶脉在叶片中形成各种形状以支撑叶片。叶肉在碱液中容易腐烂降解，而叶脉由坚韧的纤维素构成，在碱液中不易腐烂。将叶片放入强碱溶液中并加热，叶肉会被腐蚀，剩下网状叶脉，晾干后变得坚硬，可制作成书签。

用来制作书签的叶片应选择叶脉粗壮而密的树叶，一般以常绿木本植物为佳，如桂花叶、石楠叶、木瓜叶、桉树叶、茶树叶等都是不错的材料。建议在叶片充分成熟并开始老化的夏末或秋季选叶制作书签。

【仪器与试剂】

仪器与用品：烧杯、表面皿、玻璃棒、电子天平、酒精灯、石棉网、三脚架、镊子、托盘、牙刷、医用手套、护目镜、口罩、废纸张等。

试剂与材料：氢氧化钠、碳酸钠等。

【实验步骤】

①配制溶液：在电子天平上放一个小烧杯，用药匙加入 7 g 氢氧化钠，再加入 5 g 碳酸钠。另取一个烧杯，加水至 100 mL 刻度。用药匙将称量好的氢氧化钠和碳酸钠分多次转移至 100 mL 水中，边加边搅拌，至固体全部溶解。

②煮树叶：将树叶放入配好的溶液中，盖上表面皿，用酒精灯加热煮沸 15 min 以上。当烧杯里的溶液变成深绿色，叶片发黄煮烂时，用镊子将叶片取出，放在盛有清水的烧杯内。在这一步骤中，沸腾的碱液有可能会飞溅出来，因此一定要戴上护目镜、医用手套和口罩进行操作。

③冲刷：从清水里取出叶片，放在托盘上，用牙刷在流水中轻轻地刷叶片的正面和背面，刷去叶片的柔软部分，露出叶脉。

④美化：趁叶脉还未干透，用毛笔在叶片上涂上水彩颜料或将叶片浸在彩色墨水中染色，以墨水为染料需要的时间往往较长，一般为 2~3 h，而用水彩作为染料只需要 10 min 左右；还可以在做好的书签上根据自己的喜好画上图案或用吊坠修饰。晾干后，放在书中压平，或者塑封起来，这样专属的叶脉书签就做好啦！

【注意事项】

①本实验要用到具有腐蚀性的氢氧化钠，并且有加热操作，因此具有一定的危险性。实验时一定要做好保护措施，进行操作时佩戴护目镜、医用手套和口罩。熬煮叶片时烧杯上一定要盖有表面皿，以防碱液飞溅。整个操作要十分小心，防止打翻装置。

②碱性越强，腐蚀性越强，叶脉书签制作中所用溶液的碱性是一个关键条件。碱性太弱，叶肉久煮不烂；碱性太强，叶脉会被煮烂。为此，制作叶脉书签对碱的类型有一定的要求。

③生活中，可用食用纯碱和颗粒状管道疏通剂制作叶脉书签。食用纯碱的主要成分是碳酸钠，颗粒状管道疏通剂的主要成分是氢氧化钠。

4.9 香味办公胶水的设计与制作

【实验目的】

①学习胶水的基本制作工艺。

②了解胶水制作中各成分的作用。

【实验原理】

具有良好粘接性能的物质称为黏合剂，人们熟悉的糨糊、胶水等都属于黏合剂。因为办公用糨糊的黏合力和初黏性均不如化学合成胶水，且糨糊使用起来也不太方便，所以其逐步被胶水取代。

化学合成胶水的优点：一是初黏性好，尤其是黏合牛皮纸和厚纸时更能显示出初黏性的作用；二是黏合力强，纸张被黏合干燥后，往往不能再从黏合处剥离开；三是贮存稳定，长期放置不变质；四是成本低廉，使用方便。本实验介绍的香味办公胶水，是以聚乙烯醇缩甲醛为基料制成的一种无色或微黄色透明胶状液体。

聚乙烯醇缩甲醛胶，俗称 107 胶，是以聚乙烯醇（$\left[\mathrm{CH_2}-\underset{\mathrm{OH}}{\underset{|}{\mathrm{CH}}}\right]_n$）和甲醛（$CH_2O$）为原料，以盐酸为催化剂，在加热条件下缩合而成的。反应后的聚合物溶液呈酸性，所以需用氢氧化钠溶液中和多余的酸，调节溶液的 pH 至中性后，即可制得成品。

107 胶可代替糨糊用作文具胶水，20 世纪 70 年代后又用于建筑行业各种壁纸、墙板的黏结，可作为内外墙的涂料，并用作大白粉浆、石灰浆以及各种腻子的胶黏剂，故有建筑部门的“万能胶”之称。

【仪器与试剂】

仪器：烧杯、玻璃棒、量筒、滴管、电子天平、水浴锅、胶水分装瓶等。

试剂：聚乙烯醇、甲醛溶液（37%）、HCl 溶液（2 mol·L^{-1}）、NaOH 溶液（2 mol·L^{-1}）、香精等。

【实验步骤】

①称取 10 g 聚乙烯醇于 250 mL 烧杯中，加入 40 mL 蒸馏水，然后静置 30~40 min，使其充分溶胀。

②将上述溶液放入 70 ℃水浴锅中，用玻璃棒搅拌 5 min，使溶液呈白色奶油状。

③水浴温度保持在 70 ℃，在上述溶液中加入 4 滴 2 mol·L^{-1} HCl 溶液，搅拌 2 min 混匀。

④量取 8 mL 37% 甲醛溶液分 3~4 次加入溶液中，在 70 ℃水浴下进行缩聚反应，搅拌 10 min。

⑤将装有反应物的大烧杯拿出水浴锅，放在实验台上，向烧杯中加入 4 滴 2 mol·L^{-1} NaOH 溶液、35 mL 蒸馏水、1 滴香精，搅拌 3 min，使蒸馏水与反应物充分混合，制得成品。

⑥将产品分装入瓶，在标签上写上姓名和学号，将标签贴在瓶上，拍照后可带走产品；洗涤仪器，清洁、整理实验台，经老师检查合格后离开实验室。

4.10　无尘创意粉笔的设计与制作

【实验目的】

①学习无尘粉笔的基本制作工艺。

②了解普通粉笔与无尘粉笔的区别。

【实验原理】

粉笔似乎是和“粉”紧密联系在一起的，如果无粉，又怎能在黑板上留下字迹呢？因此，用粉笔在黑板上写字造成粉尘污染好像也不可避免了。那么能否改变这种状况呢？不妨自己动手试制无尘粉笔。

英语中粉笔被称为“chalk”。“chalk”又有“石垩”的意思，其主要成分为碳酸钙，这似乎给人一种粉笔由碳酸钙制成的错觉，实际上，粉笔的主要成分是石膏。

石膏可分为生石膏、熟石膏和无水石膏三种。生石膏的主要成分为 $CaSO_4 \cdot 2H_2O$，它是一种矿物。加热天然石膏，最初其成分并没有改变，只是晶型变为斜方晶系；当温度升至 97 ℃时，其逐渐失水而变为熟石膏（$2CaSO_4 \cdot H_2O$）。

该反应是可逆的，只要焙烧时温度不超过 180 ℃，熟石膏与水混合调成的糊状物又会很快凝结成硬块，重新生成生石膏，只不过体积略有膨胀。人们利用石膏的这一特性来制造石膏模型、石膏像、粉笔、医疗用石膏绷带等。

但是，如果将石膏加热至 500 ℃以上，它就会失去全部结晶水，生成不溶性的无水石膏（$CaSO_4$），这种无水物不能再与水化合。因此，在焙烧生石膏制备熟石膏时，注意温度不要超过 180 ℃。

为了使制成的粉笔粉尘少、硬度适中、书写流利、字迹清晰，本实验介绍一种制作无尘粉笔的方法，且与普通粉笔进行对比。

【仪器与试剂】

仪器与用品：烧杯、量筒、电子分析天平、玻璃棒、蒸发皿、烘箱、模具、防烫手套等。

试剂：生石膏、碳酸钙、聚乙烯醇、甘油等。

【实验步骤】

①称取 23 g 生石膏置于蒸发皿中，放入 180 ℃烘箱中烘干 40~50 min，即制得熟石膏，戴好防烫手套将蒸发皿取出，将其放在实验台上自然冷却 3~5 min。

②无尘粉笔制作：在 100 mL 的干燥烧杯中，加入 8 g 熟石膏、10 g 碳酸钙，充分搅拌均匀，然后加入 12 mL 聚乙烯醇（可同时加色素），混合均匀后，立即倒入模具中。

③普通粉笔制作：在另一个 100 mL 干燥烧杯中，加入 10 g 熟石膏、10 g 碳酸钙，充分搅拌均匀，再加入 20 g 溶有 3 滴甘油的水（甘油与水先溶解再倒入上述烧杯中，可加色素）混合均匀后，立即倒入模具中。

④在白纸上写上姓名、学号，放在装有产品的模具附近，将产品在常温常压下放置 10 min。

⑤洗涤实验仪器，清洁、整理实验台，经老师检查合格后离开实验室。

【实验结果与讨论】

从外观、硬度、性能等多方面对比无尘粉笔和普通粉笔的区别。

4.11　创意手工皂的设计与制作

【实验目的】

①了解香皂的基本制作原理及各种原料在配方中的作用。

②掌握称量、加热、冰水浴冷却等基本操作。

【实验原理】

人类对肥皂的使用可追溯到几千年以前。据说，古埃及一位厨师不慎将盛放食用油的油罐碰倒，油洒在了热的炭灰里，为了避免被怪罪，他用双手把沾有油的炭灰捧到厨房外扔掉。回来洗手时，他却意外地发现，手洗得非常干净。为什么食用油与热的炭灰混合后具有去污作用呢？用现今的知识是很容易解释这个现象的：食用油里含有油脂，炭灰里含有碳酸钾，二者作用生成脂肪酸的钾盐，脂肪酸的钾盐和现今使用的肥皂的主要成分——脂肪酸的钠盐，同样具有去污作用。这便是肥皂的起源。

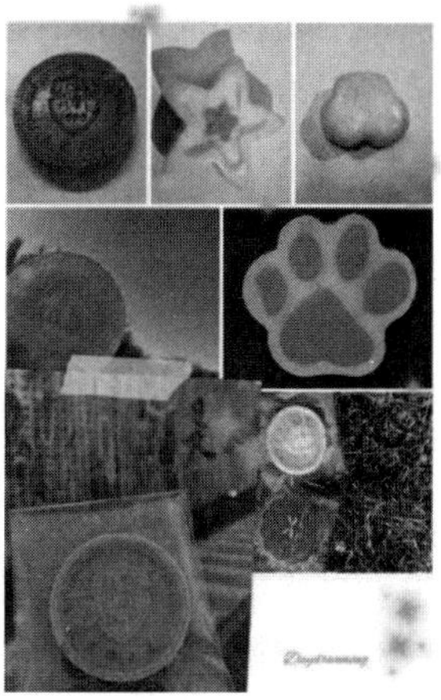

图 4-11-1　创意手工皂成品

肥皂的制造方法主要有两种。

一是脂肪酸直接和碱（如氢氧化钠等）进行反应，这种方法称为中和法。

$$RCOOH + NaOH \rightarrow RCOONa + H_2O$$

其中，R 代表饱和烃基或不饱和烃基。

二是碱跟动物性或植物性油脂进行反应，可得到肥皂和甘油，这种方法称为皂化法。

$$\begin{array}{l} CH_2OOCR \\ | \\ CHOOCR \\ | \\ CH_2OOCR \end{array} + 3NaOH \xrightarrow{\triangle} 3RCOONa + CH_2OHCHOHCH_2OH$$

但是，油脂不溶于碱液，只能随着溶液中肥皂的积聚而逐渐乳化，因此反应进行得很慢。为了加快皂化反应的速度，在实验室制法中，常常加入适量的酒精，因为酒精不仅能增加油脂在碱液中的溶解度，而且能溶解碱，使反应物成为均一的液体，这样就可以使皂化反应在较短时间内完成。

油脂皂化的产物是甘油和脂肪酸钠盐（即肥皂）的混合物，生成的肥皂形成胶体溶液。为了把肥皂从甘油及其他杂质中提取出来，需在不断搅拌下向皂化完全后的黏稠液体里加入食盐的固体颗粒或饱和溶液，这样肥皂在电解质的作用下发生凝结而从溶液里分离出来。静置后，溶液分为两层，下层是甘油和食盐的溶液，上层是肥皂。

【仪器与试剂】

仪器与用品：烧杯、量筒、试管、酒精灯、滴管、玻璃棒、电子天平、封闭式电炉、滤纸（或纸巾）、模具等。

试剂：椰子油（或棕榈油）、乙醇（95%）、NaOH 溶液（35%）、食盐水（饱和）、乳化剂、香精、色素、基础油（橄榄油或太阳花油）等。

【实验步骤】

①皂化反应：在 100 mL 烧杯中，放入 10 g 椰子油，注入 20 mL 95% 乙醇和 10 mL 35% 氢氧化钠溶液。将上述烧杯置于封闭式电炉上小火加热，使溶液保持微沸，搅拌 15~20 min，进行皂化反应（有较多白色泡沫生成），皂化过程中需滴加少量水，以保持原有体积不变。

②盐析：皂化后，继续小火加热，并在不断搅拌下向制得的黏稠液体中慢慢地分批加入 40 mL 的饱和食盐水，这时溶液变浑浊。搅拌均匀后停止加热，肥皂会浮到溶液的表面，自然冷却（或冰水浴）让其充分分层。

③香精、色素等添加剂的加入：取出上层肥皂，用滤纸（或纸巾）将水分吸干，可按压吸干。吸干后将肥皂放入烧杯中，水浴加热使其熔化，熔化后加入适量基础油（橄榄油或太阳花油）5 滴、乳化剂 10 滴，不断搅拌，滴加少量水直至上述肥皂混合物熔解为黏稠的液体，根据个人喜好加入适量的香精和色素，搅拌均匀后入模。

④倒入模具，冰水浴冷却后，脱模、装袋。在标签上写上姓名和学号，贴在包装袋上，进行产品展示。

⑤洗涤仪器，清洁、整理实验台，经老师检查合格后离开实验室。

【选做实验】

用皂基制取肥皂

①把皂基放在烧杯里隔水加热，4~5 min 后皂基即可融化，皂基融化要彻底。

②取出皂基加入 2~3 滴基础油，然后倒入水等常温液体。建议 25 g 皂基加入 10 mL 水（水过多会导致肥皂变软），加水后需搅拌均匀，以免肥皂软硬不均。可依据个人喜好，在适量水稀释下加入调色剂、香味剂、花粉等调制皂基。

③皂基调制好后倒入模具，将其放入冰水浴中冷却约 5 min，凝固后脱模，即可获得美观且独一无二的手工皂。

【实验结果与讨论】

可将实验中的椰子油换为其他植物性或动物性油脂，将制得的手工皂与市面上购买的香皂进行对比，讨论其差异。

4.12 五水硫酸铜的制备

实验 4.12 五水硫酸铜的制备

【实验目的】

①学习以废铜粉和工业硫酸为主要原料制备五水硫酸铜（$CuSO_4 \cdot 5H_2O$）的原理和方法。

②掌握并巩固灼烧、水浴加热、减压过滤、结晶等基本操作。

【实验原理】

$CuSO_4 \cdot 5H_2O$ 俗称蓝矾或胆矾，是蓝色透明三斜结晶；在空气中会缓慢风化；易溶于水，难溶于无水乙醇；加热时失水，当加热至 258 ℃时失去全部结晶水而成为白色无水 $CuSO_4$。无水 $CuSO_4$ 易吸水变蓝，利用此特性可检验某些液态有机物中微量的水。

$CuSO_4 \cdot 5H_2O$ 用途广泛，如用作棉及丝织品印染的媒染剂、杀虫剂、杀菌剂、木材防腐剂及用于电镀铜等。同时，还大量用于有色金属选矿（浮选）工业、船舶油漆工业及用于制造其他化工原料。

$CuSO_4 \cdot 5H_2O$ 的生产方法有多种，如电解液法、废铜法、氧化铜法、白冰铜法、二氧化硫法。工业上常用电解液法，即将电解液与铜粉作用，经冷却、结晶、分离、干燥后制得 $CuSO_4 \cdot 5H_2O$。本实验选择以废铜粉和工业硫酸为主要原料制备 $CuSO_4 \cdot 5H_2O$ 的方法，先将铜粉灼烧成氧化铜（CuO），然后将氧化铜溶于适当浓度的硫酸中。反应如下：

$$2Cu + O_2 \xrightarrow{\text{灼烧}} 2CuO$$

$$CuO + H_2SO_4 \rightarrow CuSO_4 + H_2O$$

由于废铜粉及工业硫酸不纯，制得的溶液中除了生成的硫酸铜外，还含有其他一些可溶性或不溶性的杂质。不溶性杂质在过滤时可除去；对于可溶性杂质 Fe^{2+} 和 Fe^{3+}，一般先用氧化剂（如 H_2O_2）将 Fe^{2+} 氧化为 Fe^{3+}，然后调节 pH=3（注意不要使溶液的 pH ≥ 4，若 pH 过大，会析出碱式硫酸铜的沉淀，影响产品的质量和产量），再加热煮沸，使 Fe^{3+} 变为 $Fe(OH)_3$ 沉淀而除去。反应如下：

$$3Fe^{2+} + 2H^+ + H_2O_2 \rightarrow 2Fe^{3+} + 2H_2O$$

$$Fe^{3+} + 3H_2O \xrightarrow[\triangle]{pH=3} Fe(OH)_3 \downarrow + 3H^+$$

$CuSO_4$ 的溶解度随温度变化较大，将除去杂质后的 $CuSO_4$ 溶液冷却结晶、减压过滤后可以得到蓝色 $CuSO_4 \cdot 5H_2O$ 晶体，要使产品具有较高的纯度，还可以进一步进行重结晶。

【仪器与试剂】

仪器与用品：电子天平、封闭式电炉、水浴锅、瓷坩埚、坩埚钳、布氏漏斗、吸滤瓶、真空泵、烧杯、点滴板、玻璃棒、量筒、蒸发皿、滤纸、剪刀等。

试剂：废铜粉、H_2SO_4 溶液（3 mol · L^{-1}，工业纯）、H_2O_2 溶液（3%）、$K_3[Fe(CN)_6]$ 溶液（0.1 mol · L^{-1}）、碱式碳酸铜（$Cu_2(OH)_2CO_3$）粉末（化学纯）、pH 试纸等。

【实验步骤】

① CuO 的制备：洗净的瓷坩埚经充分灼烧干燥并冷却后，在天平上称取 3.0 g 废铜粉放入其内。将坩埚置于电热炉上，微热，使坩埚均匀受热，待废铜粉干燥后，升高温度开始灼烧，并不断搅拌，搅拌时必须用坩埚钳夹住坩埚，以免打翻坩埚。灼烧至 Cu 粉完全转化为黑色的 CuO（20~30 min），停止加热并冷却至室温。

②粗 $CuSO_4$ 溶液的制备：将冷却后的 CuO 倒入 100 mL 小烧杯中，加入 18 mL 3 mol · L^{-1} H_2SO_4 溶液，微热使之溶解。利用倾泻法分离并转移粗 $CuSO_4$ 溶液，回收残渣。

③ $CuSO_4$ 溶液的精制：向粗 $CuSO_4$ 溶液中逐滴加入 2 mL 3% H_2O_2 溶液，加热溶液，检验溶液中是否还存在 Fe^{2+}（如何检验？）。当 Fe^{2+} 完全氧化后，慢慢加入 $Cu_2(OH)_2CO_3$ 粉末，同时不断搅拌直到溶液 pH=3，在此过程中，要不断用 pH 试纸测定溶液的 pH，控制溶液 pH=3，再加热至沸腾（为什么？）。趁热减压过滤，将滤液转移至洁净的烧杯中。

④ $CuSO_4 \cdot 5H_2O$ 晶体的制备：向精制后的 $CuSO_4$ 溶液中滴加 3 mol · L^{-1} H_2SO_4 溶液酸化，调节溶液 pH=1 后，转移至洁净的蒸发皿中，水浴加热，蒸发至液面出现晶膜时停止。在室温下冷却至晶体析出。然后减压过滤，用滤纸吸干晶体的水分后，称重，计算产率。

【思考题】

①粗 $CuSO_4$ 溶液中的 Fe^{2+} 杂质为什么要氧化为 Fe^{3+} 后再除去？为什么要调节溶液 pH=3？pH 太大或太小有何影响？

②为什么要调节精制后的 $CuSO_4$ 溶液 pH=1 使溶液呈强酸性？

③蒸发结晶制备 $CuSO_4 \cdot 5H_2O$ 时，为什么刚出现晶膜即停止加热而不能将溶液蒸干？

④如何清洗坩埚中残余的 Cu 和 CuO 等物质？

⑤固液分离有哪些方法？如何选择固液分离的方法？

实验 4.13
胆矾的纯化
与晶体培养

4.13 胆矾的纯化与晶体培养

【实验目的】

①掌握 $CuSO_4 \cdot 5H_2O$ 的提纯原理和结晶方法。

②熟悉称量、加热、减压过滤、结晶等基本操作。

【实验原理】

结晶操作的分离原理是物质的溶解度存在差异且受温度的影响。一般来说，溶质在热溶剂中比在冷溶剂中更容易溶解。热饱和溶液冷却后，大部分溶质在溶剂中的溶解度降低，因此溶质结晶析出形成纯度更高的晶体。在晶体生长过程中粗固体中的杂质被除掉，纯净的固体晶体就可以从含有杂质的溶液中通过过滤分离出来。

重结晶可以用来提纯晶体。操作方法为：使用适量的溶剂在加热条件下充分溶解所有晶体，趁热过滤除去不溶性杂质；然后将溶液冷却，过饱和溶液中的溶质逐渐以晶体形式析出。粗固体中的可溶性杂质仍保留在溶液中，重结晶后通过过滤除去。这样可获得纯度较高的晶体，但去除杂质会使产品收率降低。

$CuSO_4 \cdot 5H_2O$ 的溶解度随着温度的升高而升高（表 4-13-1）。将粗 $CuSO_4 \cdot 5H_2O$ 中的杂质去除，然后冷却结晶，可以得到纯度高得多的 $CuSO_4 \cdot 5H_2O$ 蓝色晶体。

表 4-13-1　$CuSO_4$ 和 $CuSO_4 \cdot 5H_2O$ 的溶解度

物质	不同温度下的溶解度/g·(100 mL 水)$^{-1}$								
	0 ℃	10 ℃	20 ℃	30 ℃	40 ℃	50 ℃	60 ℃	80 ℃	100 ℃
$CuSO_4$	14.3	17.4	20.7	25.0	28.5	33.3	40.0	55.0	75.4
$CuSO_4 \cdot 5H_2O$	23.1	27.5	32.0	37.8	44.6	51.9	61.8	83.8	114

【仪器与试剂】

仪器与用品：电子天平、量筒、封闭式电炉、真空泵、布氏漏斗、抽滤瓶、烧杯、滤纸、剪刀、玻璃棒等。

试剂：粗 $CuSO_4$、H_2SO_4 溶液（3 mol·L^{-1}）等。

【实验步骤】

①称量：用电子天平称量约 10 g 粗 $CuSO_4$，转入 100 mL 烧杯中。

②溶解：将 1 mL H_2SO_4 溶液（3 mol·L^{-1}）和 30 mL 蒸馏水（用量筒测量）倒入含有粗 $CuSO_4$ 的 100 mL 烧杯中。H_2SO_4 的加入增强了加热过程中 $CuSO_4$ 的溶解，防止 $CuSO_4$ 水解形成 $Cu(OH)_2$ 和 CuO。

③加热：在封闭式电炉上加热烧杯中的混合物，直到所有粗 $CuSO_4$ 完全溶解，形成蓝色溶液。溶解过程中，白色无水 $CuSO_4$ 与水反应生成蓝色 $CuSO_4 \cdot 5H_2O$ 溶液，趁热减压过滤。

④冷却结晶：将蓝色溶液倒入烧杯中，加热浓缩至约 20 mL，冷却至室温，再放入冰水浴中冷却，使 $CuSO_4 \cdot 5H_2O$ 重结晶。

⑤减压过滤：将重结晶后的 $CuSO_4 \cdot 5H_2O$ 进行减压过滤。

⑥收集产品：将 $CuSO_4 \cdot 5H_2O$ 晶体转移到滤纸上，用电子天平称取晶体质量。将产品质量、学生姓名和学号写在滤纸上，进行产品展示。洗涤仪器，清洁、整理实验台，经老师检查合格后离开实验室。

4.14　护手霜（雪花膏）的设计与制作

【实验目的】

①学习护手霜的基本制作工艺。

②了解护手霜中各成分的作用。

【实验原理】

传统护手霜是人们最熟悉的冬季护手用乳膏，外观洁白如雪，因此得名雪花膏。

护手霜依所选原料和配方的不同，性能和功能也有所不同。若按产品性质分类，有微碱性和微酸性之别；若按皮肤的适应性区分，则有干性、中性和油性之差；若按作用分类，又有一般和特殊（如药用等）之分。

微碱性护手霜是常见的护手霜品种。它是由硬脂酸、水、氢氧化钾、甘油、香精等原料配制而成的，膏体呈微碱性，具有滋润皮肤、抵御风寒、防止皴裂等作用。市场上销售的护手霜，大多数属于这一类。

微酸性护手霜是较新的高档产品，它由高级脂肪醇、羊毛脂、甘油、香精等原料配制而成。膏体呈微酸性，pH 约为 5.5，非常接近健康人体皮肤的酸度。由于它呈酸性，因此，除具有一般护手霜的护肤作用外，它还可以抑制细菌的生长，中和使用肥皂后皮肤表面残留的碱性物质。

药用护手霜是在优质的护手霜中加入某种药物配制而成的，它除具有一般护手霜的作用外，还有治疗某些皮肤疾病的特殊作用，如防裂霜、防晒霜等。

营养性护手霜是近些年发展起来的一种高级护肤品。它除了选用优质的脂肪醇和甘油配制膏体外，还加入了一定比例的高级营养滋补物质，如人参、珍珠粉、蜂王浆等。

总之，随着科技的发展，以及乳化技术、方法和设备的不断改进，市场上将会有越来越多的护肤化妆品出现。

本实验将介绍一般护手霜（雪花膏）的制作方法。一般护手霜（微碱性）的原料主要是硬脂酸、水、氢氧化钾、甘油、香精等。硬脂酸（$C_{17}H_{35}COOH$），学名为十八烷酸，是护手霜的主要成分之一，为蜡状、微带光泽的白色结晶体，熔点为 67~72 ℃，不溶于水。当把硬脂酸加热熔化后，与水混放在一起，它们是互不相溶的。即使剧烈振荡，硬脂酸的小油滴分散在水中形成的乳液也是不稳定的。因此，欲使硬脂酸和水形成稳定的乳状液，需添加乳化剂。在护手霜的制作中，硬脂酸跟氢氧化钾（KOH）反应的产物——硬脂酸钾（$C_{17}H_{35}COOK$）就起着乳化剂的作用。

$$C_{17}H_{35}COOH + KOH \rightarrow C_{17}H_{35}COOK + H_2O$$

生成的硬脂酸钾将剩余的硬脂酸（约占投入量的 3/4）和水乳化为均匀细腻的乳膏。

但是，硬脂酸钾在水中的溶解度随温度的降低而变小，当膏体冻结时，乳化体系就会被破坏，严重时硬脂酸和水会发生分离，导致膏体变粗并伴随出水，因此在护手霜的配方中常常加入甘油或丙二醇作为防冻剂。此外，甘油具有很强的吸湿性，能吸收空气中的水分，使护手霜在一定时间内不会发生干缩，保持膏体软硬适度。

护手霜中含有 60%~80% 的水，因此水的质量也是影响膏体质量的一个重要因素，一般选用蒸馏水或去离子水。配方中加入香精的主要目的是使人愉快，使用不同的香精可制成不同香型的护手霜。除此以外，还需要加入防腐剂。

【仪器与试剂】

仪器：电子分析天平、水浴锅、烧杯、玻璃瓶、玻璃棒、滴管等。

试剂：硬脂酸、单硬脂酸甘油酯、矿物油、丙三醇、KOH 固体、香精、防腐剂（水杨酸）等。

【实验步骤】

①用 100 mL 烧杯（编号为 1）称量 0.3 g KOH 固体，加 35 mL 蒸馏水溶解。

②用 250 mL 烧杯（编号为 2）称量 7.5 g 硬脂酸、1.0 g 矿物油、0.8 g 单硬脂酸甘油酯和 10 g 丙三醇。

③将烧杯 1 中的 KOH 溶液倒入烧杯 2 中，将烧杯 2 置于 60~70 ℃水浴中加热，搅拌（10~15 min）至出现洁白如雪的膏状物。

④使膏状物在烧杯 2 中自然冷却 3~5 min 至约 40 ℃（不烫手即可）时，加入少量（一小匙）防腐剂（水杨酸），再加入 1 滴香精。

⑤将产品装瓶，在标签上写上姓名和学号，贴好标签。

⑥清洁、整理实验台，经老师检查合格后可离开实验室。

【注意事项】

①加入少量 NaOH 固体有助于增大膏体黏度，也可不加。

②降温过程中，膏体黏度逐渐增大，搅拌带入膏体的气泡不易逸出，因此黏度较大时不宜过分搅拌。

4.15　摩尔气体常数的测定

实验 4.15
摩尔气体常数的测定

【实验目的】

①学习测定摩尔气体常数和金属摩尔质量的方法，掌握理想气体状态方程和分压定律的应用。

②掌握电子天平的使用、正确的称量方法及有效数字的基本知识。

【实验原理】

三百多年前玻意耳发现：对封闭的空气施加 2 倍的压力，空气的体积会减半；施加 3 倍的压力时，体积会变成原来的 1/3。据此实验结果他在 1662 年提出玻意耳定律：“在密闭容器中的定量气体，在恒温下，气体的压强和体积存在反比关系。”用公式表示为 $pV=K$（K 为常量）或 $p_1V_1=p_2V_2$，该定律也被称为玻意耳气体定律。

这是第一个描述气体运动的定律，为气体的量化研究和化学分析奠定了基础。玻意耳定律是人类历史上第一个被发现的“定律”。之后人们发现了更多更完善的气体规律，如本实验用到的分压定律和理想气体状态方程。

在一定温度（T）下，通过实验测定一定物质的量（n）的某气体（看作理想气体）的压强（p）、体积（V），应用理想气体状态方程 $pV=nRT$，即可计算出摩尔气体常数 R（又称理想气体常数、气体常数等）。本实验使用氢气测定摩尔气体常数。

氢气的发现：1766 年，英国化学家卡文迪什发现，把铁、锌投到盐酸和稀硫酸中，会放出一种气体，他用排水集气法收集了该气体，这种气体就是氢气。后来法国化学家拉瓦锡将其命名为“hydrogène”（氢），意为“成水元素”。

本实验用一定质量的三价金属 M 与过量酸反应产生氢气：

$$2M+6HCl \longrightarrow 2MCl_3+3H_2\uparrow$$

在一定的温度和压力下，测量被置换出来的氢气的体积。实验时的温度与大气压可分别由温度计和气压表测得。由于氢气是从水溶液中逸出的，所以氢气中混有水的饱和蒸气。查出该温度下水的饱和蒸气压，根据分压定律可知：

$$p=p(H_2)+p(H_2O)$$

即

$$p(H_2)=p-p(H_2O)$$

将有关数据代入理想气体状态方程，即可求出摩尔气体常数 R：

$$R=\frac{p(H_2)\cdot V(H_2)}{n(H_2)\cdot T}$$

利用此法也可以在一定温度和标准态下测定气体的摩尔体积和金属的摩尔质量等。

【仪器与试剂】

仪器：电子分析天平、气体常数测定装置一套（图 4-15-1）、搅拌棒、滴管、洗瓶、烧杯、量筒、表面皿等。

试剂：铝箔（纯度：99.95%）、盐酸（8 mol · L^{-1}）等。

【实验步骤】

1）样品称量

取 25~30 mg 的铝箔放在表面皿（或称量纸）中，准确称取铝箔的质量。（注意：称量过程中不能用手直接接触表面皿及铝箔，应戴手套或用镊子夹取。）

2）摩尔气体常数的测定

①按图 4-15-1（a）组装好仪器。取下反应管，然后调节漏斗的高度使量气管中的水面略低于零刻度，固定好漏斗。

②将称好的铝箔沾少许水紧贴在反应管壁上，沿反应管另一侧管壁（铝箔对侧）加入 3 mL 8 mol · L^{-1} 盐酸（勿与铝箔接触，如图 4-15-1（b）所示），然后固定反应管并塞紧塞子。

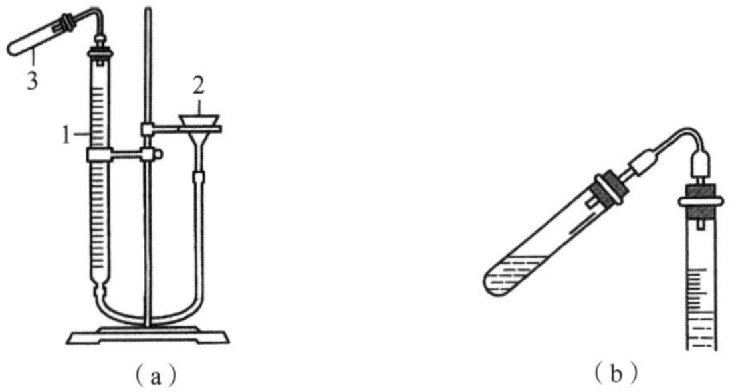

1—量气管；2—漏斗；3—反应管

图 4-15-1　摩尔气体常数测定装置

(a)装置整体　(b)局部放大

③检查仪器是否漏气。检查方法如下：塞紧装置中所有的塞子后，将漏斗向下移动一段距离，使漏斗内的液面与量气管内的液面维持一定的液面差，再固定漏斗。如果量气管内的液面位置能恒定，说明仪器不漏气，可以进行实验。

④重新调节漏斗液面与量气管液面在同一水平面上。准确读出量气管内液面的刻度 V_1，然后倾斜反应管，使铝箔落入盐酸中，随即将反应管复位，反应发生，量气管内的液面开始下降。为了不因量气管内压增加而造成系统漏气，在水面下降的同时，应慢慢将漏斗向下移动，使漏斗内的液面始终保持略低于量气管内的液面。反应停止后，先固定漏斗位置，待反应管冷却至室温后，再调整漏斗，使漏斗内的液面与量气管内的液面在同一水平面上，并准确读取反应后量气管内液面的刻度 V_2。

⑤记录实验时的温度和大气压。

【数据记录和处理】

1）摩尔气体常数测定数据记录

铝箔的质量 m（Al）=________ g；

铝箔的物质的量 n（Al）= ________ mol；

反应产生的氢气的物质的量 n（H_2）= ________ mol；

反应前量气管中液面的读数 V_1 = ________ mL；

反应后量气管中液面的读数 V_2 = ________ mL；

氢气的体积 $V(H_2) = V_2 - V_1$ = ________ mL；

室温 T = ________ K，大气压 p = ________ Pa；

温度 T = ________ K 时，水的饱和蒸气压 p（H_2O）= ________ Pa；

氢气的气压 p（H_2）= ________ Pa；

$R = \dfrac{p(H_2) \cdot V(H_2)}{n(H_2) \cdot T}$ = ________ $J \cdot mol^{-1} \cdot K^{-1}$。（保留 3 位有效数字）

2）相对误差

$$相对误差=\frac{R(测定)-R(理论)}{R(理论)}\times 100\%=$$ ＿＿＿＿＿＿。（保留 1~2 位有效数字）

3）分析误差产生的原因

＿＿＿＿＿＿＿＿＿＿＿＿＿＿＿＿＿＿＿＿＿＿＿＿＿＿＿＿＿＿＿＿＿＿＿＿＿＿

＿＿＿＿＿＿＿＿＿＿＿＿＿＿＿＿＿＿＿＿＿＿＿＿＿＿＿＿＿＿＿＿＿＿＿＿＿＿

【思考题】

①量气管内的气压是否等于氢气的气压？为什么？

②盐酸的浓度和用量是否必须准确量取？

③利用本实验的装置和操作还可以测定物质的哪些物理量？写出简单原理和计算方法及需要测量的数据。

④铝与盐酸作用完毕后，为什么要等试管冷却至室温后方可读取数据？

4.16 中国传统靛蓝扎染染色实验

“扎染”，顾名思义，包括扎花和浸染两个部分。扎花，原名扎疙瘩，即在布料选好后，按花纹图案要求，分别使用撮皱、折叠、翻卷、挤揪等方法，使布料具有一定的形状，然后用针线缝合或缠扎，将其缝严扎紧，让布料变成一串串“疙瘩”。浸染，即将扎好“疙瘩”的布料先用清水浸泡一下，再放入染缸里，或浸泡冷染，或加温煮热染，经一定时间后捞出晾干，然后再将布料放入染缸浸染。如此反复浸染，每浸一次色深一层，即“青出于蓝”。缝了线的部分，因染料浸染不到，自然形成好看的花纹图案，又因为在缝扎时针脚不一，染料浸染的程度也不一，带有一定的随意性，染出的成品很少一模一样，其艺术意味也就多了一些。

扎染，又被称为绞缬或撮花，有着悠久的历史，其起源于黄河流域。中国民间很早就发明了扎染，现存最早的实物为东晋时的扎染印花绢，那时，扎染工艺就已经很成熟。当时的绞缬产品有较简单的小簇花样，如蝴蝶、蜡梅、海棠等；也有整幅图案花样，如白色小圆点的“鱼子缬”、圆点稍大的“玛瑙缬”、紫底白花斑酷似梅花鹿的“鹿胎缬”等。在南北朝时，扎染产品被广泛用于妇女的衣着。唐代是我国古代文化鼎盛的时期，绞缬的纺织品甚为流行，更为普遍，“青碧缬衣裙”成为唐代时尚的基本式样。史载盛唐时，扎染技术传入日本等国，日本将我国的扎染工艺视为国宝，至今在日本的东大寺内还保存着我国唐代的五彩绞缬。扎染技术后又经日本流传回我国云南，由于云贵地区的水资源丰富，气候温和，所以古老的扎染工艺在那里落户。北宋时，绞缬产品在中原和北方地区流行甚广。

古时候的染料一般为植物染料，植物印染亦称草木染。常用的染料有红花、紫草、蓝靛等。根据设计图案的效果，用线或绳子以各种方式绑扎布料或衣片，放入染液中，因绑扎处染料无法渗入而自然形成特殊图案，也可将成形的服装直接扎染。扎染分串扎和撮扎两种方式。前者图案犹如露珠点点、文静典雅，后者图案色彩对比强烈、活泼清新。扎染一般可用来做较为宽松的服装或围巾等。

近代，扎染显示出浓郁的民间艺术风格，一千多种纹样是千百年来历史文化的缩影，折射出民情风俗与人民的审美情趣，与各种工艺手段一起构成富有魅力的织染文化。大理染织业不断发展，周城村成为远近闻名的手工织染村，80% 以上的产品销往日、英、美等 10 多个国家和地区，供不应求。2006 年，云南省大理市和四川省自贡市的扎染技艺经国务院批准入选第一批国家级非物质文化遗产名录，申报地区为云南省大理市。

【实验目的】

①了解扎染工艺的历史及现代发展。

②了解天然产物靛蓝在生产、生活中的应用前景。

③熟练掌握溶剂浸泡提取的原理和基本方法。

【实验原理】

靛蓝，又名靛青，为水溶性非偶氮类着色剂，化学名称为 3，3′ - 二氧 -2，2′ - 联吲哚基 -5，5′ - 二磺酸二钠盐，分子式为 $C_{16}H_8N_2Na_2O_8S_2$，相对分子质量为 466.36。靛蓝类色素是人类所知的最古老的色素之一，广泛用于食品、医药和印染工业。其主要由含有吲哚酸成分的植物叶子发酵制成，也可人工合成。

靛蓝染色并不是简单的物理吸附过程，而涉及还原反应。先将蓝草制成不溶性靛蓝，染色时靛蓝被还原成可溶性靛白，上染后再氧化成靛蓝，固着在纤维制品上。

【仪器与试剂】

仪器与用品：钢盆、玻璃棒、皮筋、烧杯、布料、电子天平、废液回收桶等。

试剂：蓝靛泥、固色剂、还原剂等。

【实验步骤】

①在钢盆中加入 625 mL 水，将 25 g 蓝靛泥全部倒入水中，搅拌至完全融化；然后倒入 5 g 固色剂，搅拌 3 min；最后倒入 5 g 还原剂，搅拌 5 min。静置 30~60 min，直到染液变成黄绿色或者墨绿色（等待过程中可准备布料扎花）。

②将扎好的布料放入清水中浸泡几分钟至完全湿透，适当拧水，没入染料中浸泡 10 min。

③拿出布料，与空气接触至全部氧化为蓝色，此过程为第一遍染色。

④重复步骤②、③，进行第二遍染色，如需要染成更深的颜色，可多重复几次染色过程。（选作）

⑤染完最后一遍，拿出布料，氧化好，简单冲洗浮沫，然后拆线（皮筋），等待布料

全部氧化为蓝色，用清水简单清洗几遍（洗掉浮色），放在阴凉处晾干。几天过后颜色稳定后可再用柔性洗衣液清洗。

【注意事项】

如果想要染为浅蓝色，可在染料配好后补适量水，试试颜色再染。另外，染色深浅与浸染次数有关。

4.17 湿法冶金反应热的测定

实验 4.17 湿法冶金反应热的测定

【实验目的】

①了解测定化学反应热的原理和方法。

②掌握电子分析天平、容量瓶和移液管的使用方法。

③掌握有效数字的读取及计算规则。

【实验原理】

化学反应常伴随着能量的变化，通常以热能形式表现出来。例如，燃料的燃烧反应和酸碱中和反应均放出热量；而物质的分解反应则吸收热量。化学反应发生时放出或吸收的热量称为反应热（也称反应的热效应）。在等温等压且不做非体积功的条件下，化学反应热在数值上等于反应系统的焓变 $\Delta_r H_m$。

西汉《淮南万毕术》记载，曾青（$CuSO_4 \cdot 5H_2O$）得铁则化为铜。东汉《神农本草经》记载，石胆（$CuSO_4 \cdot 5H_2O$）能化铁为铜。湿法炼铜约在唐末、五代时期应用到生产中，至宋代更是成为大量生产铜的重要方法之一。中国的湿法冶金技术，在化学史上是一大贡献。本实验利用了古代湿法冶金的原理，用锌粉代替铁粉，测定锌粉和硫酸铜溶液反应的反应热，反应方程式如下：

$$Zn + CuSO_4 \rightarrow ZnSO_4 + Cu$$

这是一个放热反应，反应在一个保温杯式量热计中进行。由溶液的比热容、密度和反应前后温度的变化可求出该反应的焓变。该反应的焓变计算公式如下：

$$\Delta_r H_m = -\Delta T \cdot c \cdot V \cdot \rho \cdot \frac{1}{n} \cdot \frac{1}{1\,000}$$

式中：$\Delta_r H_m$ 为反应焓变（$kJ \cdot mol^{-1}$）；ΔT 为反应前后溶液温度的变化（K）；c 为溶液的比热（$J \cdot g^{-1} \cdot K^{-1}$），本实验中取为 $4.18\ J \cdot g^{-1} \cdot K^{-1}$；$V$ 为 $CuSO_4$ 溶液的体积（mL）；ρ 为溶液的密度（$g \cdot cm^{-3}$），本实验中近似为 $1\ g \cdot cm^{-3}$。

此反应的理论反应焓 $\Delta_r H^{\ominus}_{m(理)} = -216.8\ kJ \cdot mol^{-1}$。

【仪器与试剂】

仪器：量热计、温度计、电子天平、烧杯（100 mL）、容量瓶（250 mL）、量筒（50

mL）、移液管（100 mL）、玻璃棒等。

试剂：$CuSO_4 \cdot 5H_2O$、锌粉等。

【实验步骤】

1）$CuSO_4$ 溶液的配制

用电子天平称取配制 250 mL 0.2 mol · L^{-1} $CuSO_4$ 溶液所需的 $CuSO_4 \cdot 5H_2O$ 的量，放入烧杯中，加蒸馏水约 50 mL，用玻璃棒搅拌使其溶解；将此溶液转移到 250 mL 容量瓶中，再用少量蒸馏水冲洗烧杯及玻璃棒，将上述冲洗液也注入容量瓶中；最后加蒸馏水至刻度，盖好瓶盖并将瓶内的溶液混合均匀。

2）反应热的测定

①用电子天平称取 3 g 锌粉。

②用移液管取 100 mL $CuSO_4$ 溶液，注入干净且干燥的量热计中，盖好盖子（如图 4-17-1 所示）。

③水平摇动量热计至溶液温度恒定后（2~3 min），读取反应前 $CuSO_4$ 溶液的温度 t_1。

④迅速向溶液中加入 3 g 锌粉，立即盖严盖子。为使反应迅速完成，要不断水平摆动量热计，同时不断读取并记录温度计读数。待温度不再上升后，继续稳定 2 min，记录反应后上升的最高温度 t_2。

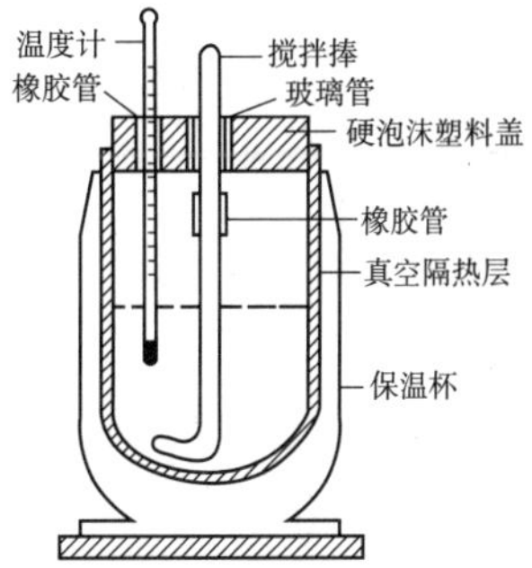

图 4-17-1　反应热测定实验装置

【数据记录和处理】

1）数据记录

称取的 $CuSO_4 \cdot 5H_2O$ 的质量 = ________g；

配制的 $CuSO_4$ 溶液的浓度 = _____mol · L^{-1}；

反应所用 $CuSO_4$ 溶液的体积 =______mL；

反应前溶液的温度 t_1 =______℃；

反应后溶液的最高温度 t_2 =______℃；

反应前后溶液的温度差 $\Delta T = t_2 - t_1$______K。

2）反应热及误差的计算

设：①溶液的比热容近似等于水的比热容 4.18 J · g^{-1} · K^{-1}；

②溶液的密度近似为 1.00 g · cm^{-3}。

$$\text{反应焓 } \Delta_r H_m = -\Delta T \cdot c \cdot V \cdot \rho \cdot \frac{1}{n} \times \frac{1}{1\,000} = \underline{\qquad\qquad} \text{ kJ} \cdot \text{mol}^{-1};$$

$$\text{相对误差} = \frac{\Delta_r H_m - \Delta_r H^{\ominus}_{m(\text{理})}}{\Delta_r H^{\ominus}_{m(\text{理})}} \times 100\% = \underline{\qquad\qquad}。$$

3）分析误差产生的原因

【注意事项】

①计算配制 250 mL 0.2 mol·L^{-1} $CuSO_4$ 溶液所需的 $CuSO_4 \cdot 5H_2O$ 的量。

②认真清洗实验中所用的量热计、移液管和容量瓶。

③记录反应前 $CuSO_4$ 溶液的温度 t_1 和反应后上升的最高温度 t_2。

④分析误差产生的原因。

4.18 中国传统清洁剂——天然皂角活性剂的提取与应用

【实验目的】

①学习皂角中天然活性成分的提取方法。

②学习天然皂的制作过程。

【实验原理】

当下人们越来越追求产品的绿色化与回归自然，更加青睐天然类原料。将一些植物提取物用于洗护产品中，能有效避免有害成分的添加，使产品配方更加贴近自然，而皂角就是一种非常适合的原料。皂角又名皂荚，古时候已被广泛用于洗涤和用作药物，它含有较多的皂角苷等天然活性成分，呈中性，易被生物降解，对皮肤无刺激、无毒、无害，具有去污能力和起泡性。早在北宋，皂角就被制成人工洗涤剂，作为洗涤剂与洗发剂得到广泛应用，形成了成熟的产业链。明李时珍《本草纲目》中记录了“肥皂团”的制造方法：“肥皂荚生高山中……十月采荚，煮熟捣烂，和白面及诸香作丸，澡身面，去垢而腻润，胜于皂荚也。”至今我国仍有部分地区的居民直接使用皂角作为纯天然、无化学污染的洗涤剂，用于洗头发、洗衣服等。

皂角果是医药、食品、保健品、化妆品及洗涤用品的天然原料；皂角种子可消积化食开胃；皂角刺内含黄酮苷、酚类、氨基酸等，有很高的经济价值。皂角中富含三萜皂苷、酚类、氨基酸等多种成分，被广泛应用于药物、食品及日用产品等行业中。三萜皂苷类化合物是皂角中的主要活性物质，早在 20 世纪 70 年代国内外学者便开始了皂角方面的研究，并且取得了丰硕的研究成果。

本实验利用煎煮法提取皂角中的活性成分，并将其用于制作肥皂，可以使学生了解自然界的神奇，从用皂角制作肥皂的过程中，体会劳动人民的智慧和创造力。

【仪器与试剂】

仪器与用品：电子天平、封闭式电炉、烧杯、玻璃棒、滤纸、钢盆、模具、包装袋、点滴板等。

试剂：皂角、皂基、pH 试纸、甘油等。

【实验步骤】

①皂角处理：取一根皂角（来自校园皂角树），清洗后将其掰成小块。

②皂苷浸提：将皂角放入 250 mL 烧杯中，加入 60~80 mL 水，正好没过皂角，用封闭式电炉加热，微沸 20~30 min。

③皂苷液的制取：将上述溶液冷却至室温，用倾泻法分离皂角渣（弃去），得到皂苷液。

④检验皂苷液的性质：测定其 pH 并检验其对油渍的去除效果。

⑤将皂苷液倒入 100 mL 烧杯中，加热浓缩至 20 mL。

⑥溶解透明皂基 30 g：把皂基放在烧杯内隔水加热，将其融化（切勿向皂基里加水，约 5 min 可融化，注意皂基要融化彻底），加入皂苷液，倒入模具，冰水浴冷却后，脱模、装袋。

⑦在标签上写上姓名和学号，将其贴在包装袋上；洗涤仪器，清洁、整理实验台，经老师检查合格后离开实验室。

【思考题】

①用什么方法可以将皂苷液脱色？

②用什么方法可以更好地测定皂苷液的性质及效果？

4.19　化学史上的“点石成金”——金属元素的性质与应用

【实验目的】

①掌握金属与盐溶液的置换反应及黄金雨实验的原理及操作。

②掌握原电池金属腐蚀实验的原理及操作。

【实验原理】

黄金作为一种贵金属，因其耀眼的光泽、纯净的质地，被当作货币，或被做成精美的首饰，是财富的象征，一直深受人们喜爱；其优良的耐高温、耐腐蚀性能，也让古人联想到了生命的永恒。东汉著作《周易参同契》记载的“金入于猛火，色不夺精光。自开辟以来，日月不亏明。金不失其重，日月形如常”，精准地描述了黄金的特质。然而，自然界中的黄金是有限的，人们为得到黄金想尽了办法，人们最大的愿望就是“点石成金”，于是便出现了炼金术。

我国古代的炼金术，也就是炼丹术，包括金丹术和黄白术：金丹术的目的是炼制“令人长生不老的仙丹”，黄白术则是指通过药物“点化”用贱金属制取贵金属的方法。葛洪在《抱朴子》中记载“以曾青涂铁，铁赤色如铜”，这里的“曾青”为碳酸盐类矿物蓝铜矿的矿石，这里描述的是在铁的表面涂上碱式碳酸铜，置换出红色的铜的现象。北宋地理总志《太平寰宇记》中记载“有胆泉，出观音石，可浸铁为铜”，北宋著名科学家沈括在《梦溪笔谈》中也对此有类似的记载，即“熬胆矾铁釜，久之亦化为铜”，描述的是铁与硫酸铜反应生成铜单质的现象。这些记载表明，古人已经认识到铁与铜盐之间的置换反应，这对化学学科的发展起到了推进作用。

本实验中，通过金属与盐溶液的置换反应及黄金雨实验，让学生了解古代黄白术的化学原理，并观察化学现象；通过原电池金属腐蚀实验，让学生学习相关金属元素的性质及其应用。

【仪器与试剂】

仪器与用品：试管、镊子、滴管、砂纸、电池、导线、表面皿、滤纸等。

试剂：Zn 丝、Fe 丝、Al 丝、$CuCl_2$ 溶液（1 mol · L^{-1}）、$SnCl_2$ 溶液（0.1 mol · L^{-1}）、$Pb(NO_3)_2$ 溶液（0.1 mol · L^{-1}）、KI 溶液（0.1 mol · L^{-1}）、NaCl 溶液（1 mol · L^{-1}）、$K_3[Fe(CN)_6]$ 溶液（0.1 mol · L^{-1}）、HCl 溶液（0.1 mol · L^{-1}）、H_2SO_4 溶液（1 mol · L^{-1}）、酚酞溶液（1%）、CCl_4、环六甲基四胺、铁钉、锌块、Cu 丝、白铁、马口铁等。

【实验步骤】

1）“点石成金”系列实验

①取 2 mL1 mol · L^{-1} $CuCl_2$ 溶液于试管中，加入长度约为 2 cm 的 Zn 丝，观察实验现象。

②取 2 mL 1 mol · L^{-1} $CuCl_2$ 溶液于试管中，加入长度约为 2 cm 的 Fe 丝，观察实验现象。

③取 2 mL 1 mol · L^{-1} $CuCl_2$ 溶液于试管中，加入长度约为 2 cm、用砂纸打磨后的 Al 丝，观察实验现象。

④取 2 滴管 0.1 mol · L^{-1} $SnCl_2$ 溶液于试管中，加入长度约为 2 cm 的 Zn 丝，观察实验现象。

⑤ PbI_2 黄金雨：取几滴 0.1 mol · L^{-1} $Pb(NO_3)_2$ 溶液于试管中，再向其中加入几滴 0.1 mol · L^{-1} KI 溶液，观察实验现象。

2）原电池金属腐蚀

（1）腐蚀原电池的形成 具体步骤如下。

①取小块纯锌，放入装有 2~3 mL 0.1 mol·L^{-1} HCl 溶液的试管中，观察现象。再取根 Cu 丝插入试管内与锌块接触，观察现象（注意气泡发生的地方）。

②差异充气腐蚀。在用砂纸磨光的铁片上滴 1~2 滴自己配制的腐蚀液，观察现象，静置 3~5 min 后再仔细观察液滴不同部位的颜色。

③取白铁和马口铁各 1 片，分别放入盛有约 3 mL 1 mol·L^{-1} H_2SO_4 溶液的两支试管中，静置片刻。为了检验哪一支试管中的铁先被腐蚀，在两支试管中各加入 2~3 滴 $K_3[Fe(CN)_6]$ 溶液，观察先出现蓝色沉淀还是黄色沉淀。

（2）金属腐蚀的防护　有以下两种防护方法。

①缓蚀剂法。在两支试管中各加入 2 mL 0.1 mol·L^{-1} HCl 溶液，并且各滴入 2 滴 0.1 mol·L^{-1} 的 $K_3[Fe(CN)_6]$ 溶液。向其中一支试管中加入 10 滴环六甲基四胺，向另一支试管中加入 10 滴蒸馏水。选表面积近似相等的两个小铁钉，用水洗净后同时投入两支试管中，静置一段时间后观察现象，比较两支试管中蓝色出现的快慢与颜色深浅。

②阴极保护法。将一块滤纸碎片置于表面皿上，用自己配制的腐蚀液[注]将其润湿。将两枚铁钉隔开一段距离放于润湿的滤纸碎片上，分别与电池正负极相连。静置一段时间后，观察有何现象并解释原因。

【注明】

腐蚀液的配制：在试管中加入 1 mL 1 mol·L^{-1} NaCl 溶液，再加入 2 滴 0.1 mol·L^{-1} $K_3[Fe(CN)_6]$ 溶液和 2 滴 1% 酚酞溶液，摇匀备用。

4.20　家用洗洁精的设计与制作

【实验目的】

①了解洗洁精配方的基本原则和结构特点及各种原料在配方中的作用。

②了解洗洁精的基本配制工艺。

【实验原理】

洗洁精是常用的家用洗涤剂，又称餐具洗涤剂或果蔬洗涤剂，是无色或者淡黄色的透明液体。洗洁精主要起去污及杀菌等作用，其特点是去油污能力强、简易卫生、使用方便。

洗洁精的配方应根据洗涤方式、污垢特点、被洗物的特点以及其他功能要求进行设计，配方的基本原则和结构特点可归纳如下。

1）配方的基本原则

①对人体无害。

②能有效地洗净并除去动植物油垢。

③洗洁精和清洗方式不损伤餐具、炊具及其他器物。

④用于洗涤蔬菜、瓜果时，应无残留物，也不影响蔬菜、瓜果的外观和原有风味。

⑤发泡性能良好，泡沫洁白细腻。

⑥能有效地杀灭有害细菌而不危害人体健康。

⑦产品长期储存稳定性好，不分层，不发霉变质。

2）配方的结构特点

①洗洁精应配成具有一定浓度和黏度的透明状液体。

②设计配方时，一定要充分考虑表面活性剂的配伍效应以及各种助剂的协同作用。如阴离子表面活性剂 AES（脂肪醇聚氧乙烯醚硫酸盐）与非离子表面活性剂 6501（椰子油脂肪酸二乙醇酰胺）复配，产品的泡沫性和去污能力均好，并可提高增稠性。配方中加入两性离子表面活性剂 CAB（椰油酰胺丙基甜菜碱），则产品抗硬水能力强，并可减轻对皮肤的刺激。EDTA-2Na（乙二胺四乙酸二钠）有助于去除金属杂质。调整产品黏度主要使用无机电解质，如 NaCl。

③一般要求洗洁精具有较高的碱性，主要目的是提高去污能力和节省活性物质，并降低成本，但 pH $\leqslant$ 10。

④高档餐具洗涤剂要加入釉面保护剂（如乙酸铝、甲酸铝、硼酸酐及其混合物等）。

⑤洗洁精中需加入少量香精及防腐剂（苯甲酸钠或卡松等）。

【仪器与试剂】

仪器：水浴锅、烧杯（100 mL）、量筒（10 mL、100 mL）、电子天平（0.01 g）、滴管、玻璃棒等。

试剂：AES、6501、CAB、EDTA-2Na、NaCl、苯甲酸钠、香精、pH 试纸、H_2SO_4 溶液（1 mol · L^{-1}）、NaOH 溶液（1 mol · L^{-1}）等。

【实验步骤】

①烧杯中加入去离子水 80 mL，加热至 60 ℃左右。

②加入 10 g AES 并不断搅拌至全部溶解，水温控制在 60~65 ℃。

③于 60~65 ℃下保温，在连续搅拌下加入 5 g 6501 和 3 g CAB，搅拌至全部溶解。

④降温至 40 ℃以下（不需要温度计，与手的温度接近），加入 1~2 滴香精、0.4 g 苯甲酸钠、0.1 g EDTA-2Na，搅拌均匀。

⑤测定溶液的 pH，用 1 mol · L^{-1} H_2SO_4 溶液或 1 mol · L^{-1} NaOH 溶液调节 pH 至 9~10。

⑥将产品冷却到室温，加入 1.0 g NaCl，调节到所需的黏度，即为成品。

⑦将产品装瓶，在标签上写上姓名和学号，将标签贴在产品瓶上。

⑧洗涤仪器，清洁、整理实验台，经老师检查合格后离开实验室。

【注意事项】

①AES 应慢慢加入水中。

②AES 在高温下极易水解，因此溶解温度不可超过 65 ℃。

【思考题】

①配制洗洁精时应注意哪些问题?

②洗洁精的 pH 应控制在什么范围内？为什么?

4.21　去离子水的制备

实验 4.21
去离子水
的制备

【实验目的】

①了解用离子交换法制取纯水的原理和方法。

②学习电导率仪的使用方法。

③掌握水中无机杂质离子的定性鉴定方法。

【实验原理】

经离子交换树脂处理后的自来水，称为离子交换水，因为溶于水的杂质离子已被去掉，所以又称去离子水。去离子水的纯度很高，其在常温下的电导率可达 5×10^{-6} S · cm^{-1} 以下。

离子交换树脂是一种人工合成的高分子化合物，其主要组成部分是交联成网状的立体的高分子骨架，骨架上连接有可以被交换的活性基团。树脂的骨架特别稳定，不受酸、碱、有机溶剂和一般弱氧化剂的作用。树脂与水接触后，能吸附并交换溶解在水中的阳离子和阴离子。根据能交换的离子种类不同，离子交换树脂可分为阳离子交换树脂和阴离子交换树脂两大类。每种树脂都有不同的类型，它们的性能略有区别，可根据用途进行选择。

阳离子交换树脂含有酸性的活性基团，如磺酸基—SO_3H、羧基—COOH 和酚羟基—OH，酸性基团上的 H^+ 可以和水溶液中的其他阳离子进行交换（称为 H 型树脂）。因为磺酸是强酸，所以含磺酸基的树脂又被称为强酸性阳离子交换树脂，可用 R—SO_3H 表示，其中 R 代表树脂中的网状骨架部分。R—COOH 和 R—OH 均为弱酸性阳离子交换树脂。前者交换速度快，与所有阳离子均可交换，能在中性、酸性和碱性溶液中使用；后者的交换能力受外界酸碱度的影响较大，羧基在 pH>4、酚羟基在 pH>9.5 时才有离子交换能力。

阴离子交换树脂含有碱性的活性基团，如含有季胺基—N（CH_3）$_3^+$ 的强碱性阴离子交换树脂 R—N（CH_3）$_3^+OH^-$，含有叔胺基—N（CH_3）$_2$、仲胺基—NH（CH_3）、氨基—NH_2 的弱碱性阴离子交换树脂 R—NH（CH_3）$_2^+OH^-$、R—NH_2（CH_3）$^+OH^-$ 和 R—$NH_3^+OH^-$，它们所含的 OH^- 均可与水溶液中的其他阴离子进行交换（称为 OH 型树脂）。强碱性阴离子交换换树脂可在中性、酸性和碱性介质中与强酸或弱酸的酸根离子交换，广泛用于水处理和分析化学领域中；弱碱性阴离子交换树脂在碱性介质中会失去交换能力。

制备去离子水时，通常使用强酸性阳离子交换树脂和强碱性阴离子交换树脂，并预先将它们分别处理成 H 型和 OH 型。交换过程通常是在离子交换柱中进行的。自来水先经过阳离子树脂交换柱，水中的阳离子（Na^+、Ca^{2+}、Mg^{2+} 等）与树脂上的 H^+ 进行交换：

$$R—SO_3^-H^+ + Na^+ \rightleftharpoons R—SO_3^-Na^+ + H^+$$

$$2R—SO_3^-H^+ + Ca^{2+} \rightleftharpoons (R—SO_3^-)_2Ca^+ + 2H^+$$

$$2R—SO_3^-H^+ + Mg^{2+} \rightleftharpoons (R—SO_3^-)_2Mg^{2+} + 2H^+$$

交换后，树脂变成钠型、钙型或镁型，水具有了弱酸性。然后再将水通过阴离子树脂交换柱，水中的杂质阴离子（Cl^-、SO_4^{2-}、HCO_3^- 等）与树脂上的 OH^- 进行交换：

$$R—N(CH_3)_3^+OH^- + Cl^- \rightleftharpoons R—N(CH_3)_3^+Cl^- + OH^-$$

$$2R—N(CH_3)_3^+OH^- + SO_4^{2-} \rightleftharpoons [R—N(CH_3)_3^+]_2SO_4^{2-} + 2OH^-$$

交换后，树脂变成氯型等，交换下来的 OH^- 和 H^+ 中和：

$$H^+ + OH^- \rightarrow H_2O$$

交换后水的纯度与所用树脂的量以及流经树脂时水的流速等因素有关。一般所用树脂的量越多，水流越慢，得到的水的纯度就越高。

必须指出，上述离子交换过程是可逆的。交换反应主要向哪个方向进行，与水中两种离子（如 H^+ 与 Na^+，OH^- 与 Cl^-）的浓度有关。当水中杂质离子较多，而树脂上的活性基团的离子都是 H^+ 或 OH^- 时，水中的杂质离子被交换占主导地位；当水中杂质离子减少，而树脂上的大量活性基团被杂质离子占领时，则水中的 H^+ 和 OH^- 反而会把杂质离子从树脂上交换下来。由于交换反应的这种可逆性，因此只用阳离子交换柱和阴离子交换柱串联起来处理后的水，仍然会含有少量的杂质离子。为提高水质，可使水再通过一个由阴、阳离子交换树脂均匀混合的混合柱，其相当于串联了很多个阳离子交换柱与阴离子交换柱，而且交换柱的任何部位的水都是中性的，从而减少了逆反应的可能性。

树脂使用一定时间后，活性基团上的 H^+、OH^- 分别被水中的阳、阴离子所交换，从而失去了原先的交换能力，这种现象称为失效。利用交换反应的可逆性可使树脂复原，恢复其交换能力，此过程称为洗脱或再生。

阳离子交换树脂的再生方法是加入适当浓度的酸（一般用 5%~10% 盐酸），其反应为

$$R—SO_3^-Na^+ + H^+ \rightleftharpoons R—SO_3^-H^+ + Na^+$$

阴离子交换树脂的再生方法是加入适当浓度的碱（一般用 5% NaOH 溶液），其反应为

$$R—N(CH_3)_3^+Cl^- + OH^- \rightleftharpoons R—N(CH_3)_3^+OH^- + Cl^-$$

再生后的树脂可以重新使用。混合离子交换树脂可先用饱和食盐水充分浸泡，由于密度不同，阴离子交换树脂浮在上面，阳离子交换树脂沉在下面，从而将其分离，再分别进行再生。

实验前，实验室应先将离子交换树脂浸泡好，并将阳离子交换树脂处理成 H 型，将阴离子交换树脂处理成 OH 型。本实验过程为装柱—制备去离子水—再生树脂—再制备去离子水，依次循环。

【仪器与试剂】

仪器与用品：试管、滴管、烧杯、量筒、电导率仪、离子交换柱、橡胶管、玻璃纤维、铁丝、玻璃导管等。

试剂：732 强酸性阳离子交换树脂、717 强碱性阴离子交换树脂、HCl 溶液（2 mol · L^{-1}）、NaOH 溶液（2 mol · L^{-1}、6 mol · L^{-1}）、HNO_3 溶液（2 mol · L^{-1}）、$BaCl_2$ 溶液（0.1 mol · L^{-1}）、$AgNO_3$ 溶液（0.1 mol · L^{-1}）、镁指示剂、钙指示剂或 HOAc 溶液（2 mol · L^{-1}）、$(NH_4)_2C_2O_4$ 饱和溶液等。

【实验步骤】

1）装柱

如图 4-21-1 所示，将离子交换柱组装好并串联起来。

装树脂时，先将少量玻璃纤维松散地塞在柱子的底部，以防树脂漏出。在交换柱的出液口处连接橡胶管，并用霍夫曼夹夹住，向柱中注入少量去离子水。将所使用的树脂先放在烧杯中，再用滴管将树脂连同水一起慢慢加入柱中。

阳离子交换柱装入约 1/2 体积的树脂；阴离子交换柱装入约 2/3 体积的树脂；装混合离子交换柱时，先将阴、阳离子交换树脂按体积比 2 : 1 混合均匀后，再装入约 2/3 柱体积的树脂。

在装柱和连接过程中，应注意树脂层和两柱间的连接管内不得留有气泡，以免液体流动不畅通和树脂层的紊乱。树脂必须一直浸泡在水中或溶液中，当有液体流出时，树脂上方应保持一定高度的液层，切勿使液层下降到树脂面以下，否则再加液体时会产生气泡。

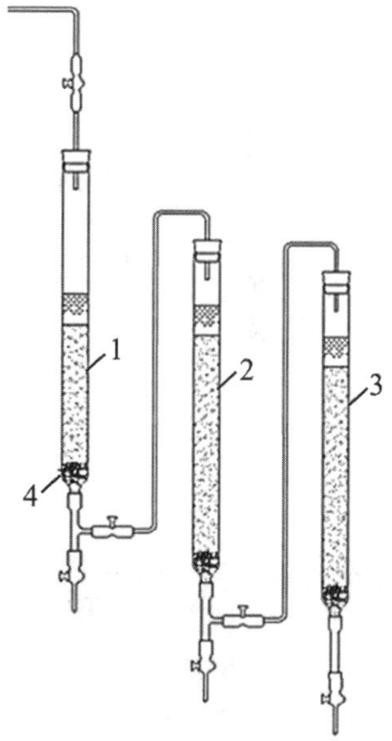

1—阳离子交换柱；2—阴离子交换柱；3—混合离子交换柱；4—玻璃纤维

图 4-21-1　离子交换装置

多取的树脂不要倒回原瓶，应分别倒入各种树脂回收瓶。

2）制备去离子水与水质检验

使自来水水样依次流经阳离子树脂交换柱、阴离子树脂交换柱和混合离子树脂交换柱，控制流速为每滴 2~3 s。

弃去前面所接收的约 20 mL 水后开始接收水样，按装置从后向前的顺序，依次接收混合离子交换柱流出水（去离子水）、阴离子交换柱流出水及阳离子交换柱流出水；对上述水样以及自来水四个水样，进行下面的测试。

（1）测定四个水样的电导率 电导率仪的使用方法见附录 2。各种水样的电导率参考值见表 4-21-1。

表 4-21-1 各种水样的电导率参考值

水样	自来水	蒸馏水	去离子水	纯水
电导率/（$\mu S \cdot cm^{-1}$）	50~500	1.0~50	0.8~4	0.055

（2）检验水样中的特定离子 检验四个水样中的 Ca^{2+}、Mg^{2+}、Cl^- 和 SO_4^{2-}，分述如下。

Ca^{2+} 的检验：①取 1 mL 水放入试管中，加入 1 滴 6 $mol \cdot L^{-1}$ NaOH 溶液和 1 滴钙指示剂[①]，若溶液显红色，表示有 Ca^{2+}；② 取 1 mL 水放入试管中，加入 2 滴 2 $mol \cdot L^{-1}$ HOAc 溶液和 3~4 滴饱和（NH_4）$_2C_2O_4$ 溶液，若产生白色沉淀，表示有 Ca^{2+}，生成沉淀的反应为

$$Ca^{2+}+C_2O_4^{2-} \rightarrow CaC_2O_4 \downarrow$$

Mg^{2+} 的检验：在 1 mL 水中，加入 1 滴 6 $mol \cdot L^{-1}$ NaOH 溶液和 1 滴镁指示剂[②]，若有天蓝色沉淀，表示有 Mg^{2+}。

Cl^- 的检验：在 1 mL 水中，加入 2 滴 2 $mol \cdot L^{-1}$ HNO_3 溶液酸化，再加入 2 滴 0.1 $mol \cdot L^{-1}$ $AgNO_3$ 溶液，如有白色沉淀，表示有 Cl^-。

SO_4^{2-} 的检验：在 1 mL 水中，加入 2 滴 1 $mol \cdot L^{-1}$ $BaCl_2$ 溶液，如有白色沉淀，表示有 SO_4^{2-}。

将检测结果填入表 4-21-2 中。

表 4-21-2 各水样的电导率及离子的检验

水样	电导率/（$\mu S \cdot cm^{-1}$）	有无 Ca^{2+}	有无 Mg^{2+}	有无 Cl^-	有无 SO_4^{2-}
去离子水					
阴离子交换柱流出水					
阳离子交换柱流出水					
自来水					

根据实验检测结果得出结论。

① 游离的钙指示剂呈蓝色，在 pH>12 的碱性溶液中，它与 Ca^{2+} 结合呈红色。在此 pH 下，Mg^{2+} 因形成 $Mg(OH)_2$ 沉淀而不干扰 Ca^{2+} 的检验。

② 镁指示剂是一种染料，在酸性溶液中呈黄色，在碱性溶液中呈紫红色，被氢氧化镁吸附后呈天蓝色。因此反应必须在碱性溶液中进行。

3）树脂再生

阳、阴离子交换树脂分别用 2 mol·L^{-1} HCl 溶液、2 mol·L^{-1} NaOH 溶液进行再生，所用酸、碱溶液的体积约为 10 mL。再生装置如图 4-21-2 所示。具体操作为：将酸（碱）液滴入树脂柱中，控制流速使树脂上方有一层酸（碱）液，并以每秒约 1 滴的流速让酸（碱）液通过树脂。酸（碱）液流经树脂层的时间应不少于 20 min。待酸（碱）液滴至液面接近树脂层时，用蒸馏水洗涤树脂，可先快速后慢速，最后使流出液至近中性为止。

若本班所装树脂是经上班使用后回收的树脂，则实验过程为装柱—再生—制备与测定。

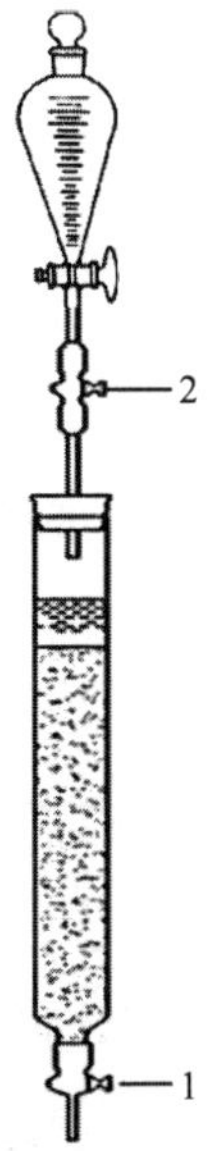

1—出液控制夹；
2—进液控制夹
图 4-21-2　树脂再生装置

【思考题】

①用离子交换法制备去离子水的原理是什么？

②为什么自来水经阳离子交换树脂处理后的电导率比原来大？

③用电导率仪测定水的纯度的原理是什么？

4.22　古老而神奇的蓝晒实验

1842 年，英国的约翰·赫谢尔爵士发明了氰版摄影法（俗称蓝晒法）。蓝晒是典型的光化学反应，是通过光敏物质捕捉太阳光中的紫外线。国内的蓝晒工艺最早见文于 1958 年，常被用于地形地貌图和建筑图纸的绘制，是生产与科研、建设中图形影印资料常见来源之一。蓝晒工艺也因操作简易且显影效果明显而广受摄影爱好者的喜爱，诸多爱好者还尝试拓展蓝晒工艺，发掘其更多的可能性。

【实验原理】

铁离子与配体（如草酸盐或柠檬酸盐）在紫外线的作用下发生反应被还原成亚铁离子，然后亚铁离子与铁氰化物反应生成亚铁氰化铁（又名普鲁士蓝）。普鲁士蓝吸附在相纸上，显示出美丽的蓝色图像。当曝光相纸时，使用植物、装饰品或不透明物体遮挡光照射可形成不同的有趣图案。

柠檬酸铁铵在紫外光下发生氧化还原反应，三价铁离子被还原为二价铁离子，柠檬酸盐被氧化为 1，3- 丙酮二羧酸盐，反应方程式为

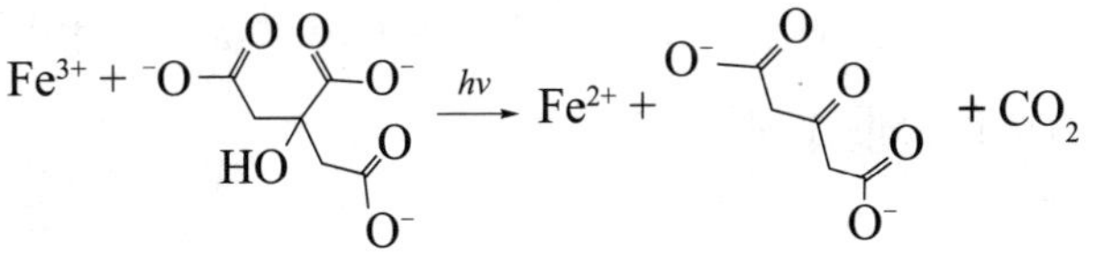

二价铁离子与铁氰化钾反应生成三价铁离子和六氰合亚铁离子，进而相互结合生成配位化合物普鲁士蓝，化学式为 $Fe_4[Fe(CN)_6]_3 \cdot nH_2O$（$n$ = 14~17），从而实现蓝色印相。此过程的反应方式程为

$$Fe^{2+} + [Fe(CN)_6]^{3-} \longrightarrow Fe^{3+} + [Fe(CN)_6]^{4-}$$

$$4Fe^{3+} + 3[Fe(CN)_6]^{4-} \longrightarrow Fe_4[Fe(CN)_6]_3$$

再用稀的过氧化氢溶液漂洗，将残留的游离亚铁离子氧化为三价铁离子，蓝色图像将变得更加饱满、浓郁。

$$2Fe^{2+} + H_2O_2 + 2H^+ \longrightarrow 2Fe^{3+} + 2H_2O$$

【仪器与试剂】

仪器与用品：自制紫外暗箱、电子天平、烧杯、培养皿、玻璃棒、滴管、刷子、PVC（聚氯乙烯）板、菲林负片、白色卡纸等。

试剂：柠檬酸铁铵、铁氰化钾、H_2O_2 溶液（3 %）、甲醛溶液（1%）等。

【实验步骤】

①负片打印：选定照片，利用图片处理网站，选择“图像—调整—黑白”完成黑白处理，然后选择“图像—调整—反相”得到反相图像，打印图片得到要印相的负片。

②制备感光剂：称取 10 g 柠檬酸铁铵，将其溶于 50 mL 蒸馏水中，配制成深棕色溶液 A（加入 1 滴 1 % 甲醛溶液以防止溶液发霉）；称取 10 g 铁氰化钾，将其溶于 50 mL 蒸馏水中，配制成铁氰化钾溶液 B。制备两种溶液时要保证固体样品完全溶解。将适量的 A 液和 B 液等体积混合，得到组分为普鲁士黄的深黄绿色感光剂混合液。

③制作感光相纸（布）：根据制作要求，通过铅笔画线的方式确定涂抹的区域，在纸张上涂刷时，使用刷毛柔软整齐的刷子，用提前用水润湿的刷子蘸取适量感光剂，快速轻柔地均匀涂抹，避免多余的感光剂残留在相纸上，切忌反复来回涂抹划破纸面，室温下避光晾干即得感光相纸。若在棉布和纱布上操作，全部浸湿是最好的方式，亦可使用喷水壶进行局部喷涂。

④曝光及漂洗：假如载体是平面的纸，在其下方放置一块亚克力板，然后将负片或物体（植物、装饰品或不透明物体）放在干燥后平放的载体上，用透明的亚克力板或玻璃覆盖在负片或物体的上方，从而固定下方的物品位置（可使用夹子固定），确保载体和负片或物体之间紧密接触，这样可使得到的影像更清晰锐利。

将固定好的相纸夹置于自制紫外暗箱中曝光 10 min 或者放置在强烈太阳光下照射 20 ~30 min（视光强弱而定）。随后将相纸取出，用水漂洗，直至没有黄色液体出现。再用 3 % H_2O_2 溶液漂洗相纸，处理后蓝色会迅速加深。

4.23　硫酸亚铁铵的制备（常量和微型实验）

实验 4.23
硫酸亚铁
铵的制备

【实验目的】

①掌握复盐的一般特征和制备方法。

②熟练掌握水浴加热、蒸发、结晶和减压过滤等基本操作。

③掌握产品限量分析的原理和方法。

④了解微型实验的优点。

【实验原理】

硫酸亚铁铵又称摩尔盐、莫尔盐，是浅蓝绿色单斜晶体。作为复盐，硫酸亚铁铵在空气中比一般亚铁盐稳定，不易被氧化，易溶于水，难溶于乙醇。在定量分析中，硫酸亚铁铵常用作氧化还原滴定法的基准物。

本实验首先用过量的 Fe 与稀 H_2SO_4 反应制得 $FeSO_4$ 溶液：

$$Fe + H_2SO_4 \longrightarrow FeSO_4 + H_2\uparrow$$

然后利用复盐 $(NH_4)_2Fe(SO_4)_2\cdot 6H_2O$ 的溶解度比组成它的简单盐的溶解度都小的性质（表 4-23-1），由等物质的量的浓 $FeSO_4$ 与 $(NH_4)_2SO_4$ 在水溶液中相互作用，生成溶解度较小的复盐 $(NH_4)_2Fe(SO_4)_2\cdot 6H_2O$：

$$FeSO_4 + (NH_4)_2SO_4 + 6H_2O \longrightarrow (NH_4)_2Fe(SO_4)_2\cdot 6H_2O$$

表 4-23-1　相关物质在不同温度下的溶解度

物质	不同温度下的溶解度/g·(100 g H_2O)$^{-1}$				
	10 ℃	20 ℃	30 ℃	50 ℃	70 ℃
$FeSO_4\cdot 7H_2O$	20.5	26.6	33.2	48.6	56.0
$(NH_4)_2SO_4$	73.0	75.4	78.0	84.5	91.9
$(NH_4)_2Fe(SO_4)_2\cdot 6H_2O$	18.1	21.2	24.5	31.3	38.5

【仪器与试剂】

仪器与用品：电子天平、封闭式电炉、真空泵、布氏漏斗、吸滤瓶、锥形瓶、烧杯、蒸发皿、石棉网、滤纸等。

试剂：碎铁片（或铁屑）、Na_2CO_3 溶液（10%）、H_2SO_4 溶液（3 mol·L^{-1}）、$(NH_4)_2SO_4$（固体）、乙醇（95%）、KSCN 溶液（1 mol·L^{-1}）、Fe^{3+} 标准溶液（0.100 0 mg·mL^{-1}）、pH 试纸等。

【实验步骤】

1）常量实验

①碎铁片的预处理。称量 4 g 碎铁片（或铁屑），放入 150 mL 锥形瓶中，加入 20 mL10% Na_2CO_3 溶液，将锥形瓶放在石棉网上加热至沸腾，以除去碎铁片上的油污。用倾泻法倾出碱液，将碎铁片水洗至中性。

②$FeSO_4$ 的制备。在盛有处理过的碎铁片的锥形瓶中加入 20 mL 3 mol·L^{-1} H_2SO_4 溶液，水浴加热。注意控制 Fe 与 H_2SO_4 的反应不要过于激烈，反应后期补充水分保持溶液原有体积，以避免硫酸亚铁析出。等反应速度明显减慢（大约需 30 min）时，趁热减压过滤，分离溶液和残渣。如果发现滤纸上有 $FeSO_4·7H_2O$ 晶体析出，可用热蒸馏水溶解，然后用 2 mL 3 mol·L^{-1} H_2SO_4 溶液（加酸的目的是什么？）洗涤没有反应完的 Fe 和残渣，将洗涤液合并至反应液中。过滤后将滤液转移至蒸发皿内，将没有反应完的碎铁片用滤纸吸干后称重，计算已参加反应的 Fe 的质量。

③$(NH_4)_2Fe(SO_4)_2·6H_2O$ 的制备。根据反应消耗的 Fe 的质量（或生成的 $FeSO_4$ 的质量），计算制备 $(NH_4)_2Fe(SO_4)_2·6H_2O$ 所需的 $(NH_4)_2SO_4$ 的量。考虑到 $FeSO_4$ 在过滤等操作中的损失，$(NH_4)_2SO_4$ 的用量可按生成 $FeSO_4$ 理论产量的 80% 计算。按计算量称取 $(NH_4)_2SO_4$，配成饱和溶液（如何配制？），将其加入 $FeSO_4$ 溶液中，混合均匀后水浴加热（火不能太大），蒸发浓缩至溶液表面出现晶膜为止。自然冷却至室温，即可得到浅蓝绿色的 $(NH_4)_2Fe(SO_4)_2·6H_2O$ 晶体。减压过滤，将液体尽量抽干，用 95% 乙醇洗涤晶体，抽滤，晶体用滤纸吸干，称量，计算产率。母液与乙醇洗涤液必须分别回收。

2）微型实验

①微型仪器。微型锥形瓶（15 mL）、微型烧杯（10 mL）、微型布氏漏斗（口径 ϕ=20 mm、容积 V=5 mL）、吸滤瓶（ϕ=19 mm、V=20 mL）、蒸发皿（10 mL）、洗耳球（代替真空泵）、点滴板、封闭式电炉。

②试剂用量。碎铁片（或铁屑）0.5 g，预处理用的碱液（10% Na_2CO_3 溶液）3 mL，反应酸（3 mol·L^{-1} H_2SO_4 溶液）2.5 mL，洗涤酸（3 mol·L^{-1} H_2SO_4 溶液）0.3 mL，$(NH_4)_2SO_4$（化学纯）的用量根据反应中消耗 Fe 的质量的 80% 计算。

③碎铁片的预处理。粗称 0.5 g 碎铁片（或铁屑），放入 15 mL 锥形瓶中，加入 3 mL 10% Na_2CO_3 溶液，将锥形瓶放在石棉网上小火加热至沸腾，以除去碎铁片上的油污。用倾泻法倾出碱液，将碎铁片水洗至中性。

④$FeSO_4$ 的制备。在盛有处理过的碎铁片的锥形瓶中加入 3 mL 3 mol·L^{-1} H_2SO_4 溶液，水浴加热。注意控制 Fe 与 H_2SO_4 的反应不要过于激烈，反应后期补充水分保持溶液原有体积，以避免硫酸亚铁析出。等反应速度明显减慢（大约需 15 min）时，趁热减压过滤，分离溶液和残渣。如果发现滤纸上有 $FeSO_4·7H_2O$ 晶体析出，可用热蒸馏水溶解，

然后用 0.5 mL 3 mol·L^{-1} H_2SO_4 溶液（加酸的目的是什么？）洗涤没有反应完的 Fe 和残渣，洗涤液合并至反应液中。过滤后将滤液转移至蒸发皿内，将没有反应完的碎铁片用滤纸吸干后称重，计算已参加反应的 Fe 的质量。

⑤$(NH_4)_2Fe(SO_4)_2\cdot 6H_2O$ 的制备。根据反应消耗的 Fe 的质量的 80% 计算制备 $(NH_4)_2Fe(SO_4)_2\cdot 6H_2O$ 所需的 $(NH_4)_2SO_4$ 的量，按计算量称取 $(NH_4)_2SO_4$，配成饱和溶液（如何配制？），加入 $FeSO_4$ 溶液中，混合均匀后水浴加热（火不能太大），蒸发浓缩至溶液表面出现晶膜为止。自然冷却至室温，即可得到浅蓝绿色的 $(NH_4)_2Fe(SO_4)_2\cdot 6H_2O$ 晶体。减压过滤将液体尽量抽干，取出晶体用滤纸吸干，称重，计算产率。母液回收。

⑥产品纯度检验。定性检验产品中的 Fe^{3+}（如何鉴定？）。

【思考题】

①在制备 $FeSO_4$ 的过程中，为什么开始时需 Fe 过量，并用水浴加热，而后又将溶液调节至强酸性？

②如果制备的 $FeSO_4$ 溶液有部分被氧化，应如何处理才能制得较纯的硫酸亚铁？

③为什么在检验产品中 Fe^{3+} 的含量时，要用不含氧的蒸馏水溶解产品？

【实验附注】

微型化学实验简介

微型化学实验是以尽量少的化学试剂，在微型仪器装置中进行实验，以获取化学信息的实验方法。关于其确切的定义和试剂用量的界限，目前国际上尚无公认的说法。一般来说，微型化学实验仪器、装置的大小是常规实验的 1%~10%，试剂用量是常规实验的千分之一至十分之一。

微型化学实验的优点主要体现在以下三个方面。①微型化学实验仪器体积小，价格较便宜，而且仪器微型化后在使用时能减少破损，降低购买仪器方面的开支。另外，微型化学实验的药品、试剂用量仅为常规实验的千分之一至十分之一。所以，采用微型实验可以节省试剂（一般可节约 90% 以上），降低实验的成本。②微型化学实验中有毒试剂用量减少，减小了对环境的污染，降低了“三废”处理费用；同时危险性实验试剂用量减少，提高了化学实验室的安全程度，显著减少了火灾伤害等意外事故。③由于药品用量减少，反应时间相应缩短，再加上微型实验仪器在设计时力求简单，装拆清洗比较省时，所以微型化学实验耗时较短。从目前的有关资料来看，采用微型化学实验进行教学，操作和反应时间可节约 1/4~1/2。因此，微型化学实验有利于提高教学效率，加强对学生的训练和培养。

当然微型化学实验也有一定的局限性，其不能完全替代常规实验，有些基本操作的训练还要靠常规实验来进行。微型化学实验仪器的形状、尺寸与操作和实际生产工艺差距较大，通过微型化学实验探索得到的反应条件应进行放大实验后才可考虑生产应用。此外，用微型化学实验方法制备物质的产率偏低（仪器沾附等损耗相对于原料的比例较大），因此对微型化学实验的操作要求较高。

全面了解微型化学实验的优点和不足，有利于扬长避短，合理地运用微型化学实验。

4.24 阿司匹林的制备与分析表征

【实验目的】

①了解阿司匹林合成的原理和方法。

②熟悉抽滤、重结晶等操作。

③学习用红外光谱分析有机物结构的技术。

【实验原理】

阿司匹林（aspirin），化学名为乙酰水杨酸，是生活中最常用的药物之一，具有解热镇痛、治疗感冒、预防心血管疾病等多种疗效。近年来的研究发现，阿司匹林具有降低某些癌症的发病率和预防癌症转移的新功能。阿司匹林的人工合成始于 19 世纪末，已有一百多年的历史。它价格低廉，疗效显著，且防治疾病的范围广，因此至今仍被广泛使用。

阿司匹林是由水杨酸（邻羟基苯甲酸）和乙酸酐合成的。水杨酸存在于自然界的柳树皮中，早在 18 世纪人类就已发现并提取了它，将其用于止痛、退热和抗炎。但水杨酸为有机酸，对肠胃的刺激作用较大，因此被淘汰。后来研究合成的乙酰水杨酸，即阿司匹林，被证明既具有水杨酸在医学上的疗效，又不会对肠胃造成严重的刺激。

水杨酸是一个双官能团化合物（含有酚羟基和羧基），因此它可以进行两种酯化反应。在乙酸酐存在的情况下，水杨酸中的酚羟基与其发生酯化反应，生成乙酰水杨酸：

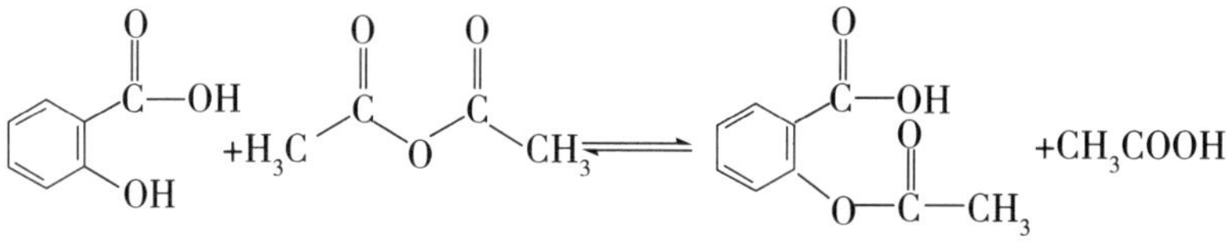

有机反应通常进行得不完全，且伴有副反应。水杨酸在酸性条件下会发生缩聚反应，因此会有少量高聚物产生。该高聚物不溶于 $NaHCO_3$ 溶液，而阿司匹林可溶于 $NaHCO_3$ 溶液中，发生如下反应：

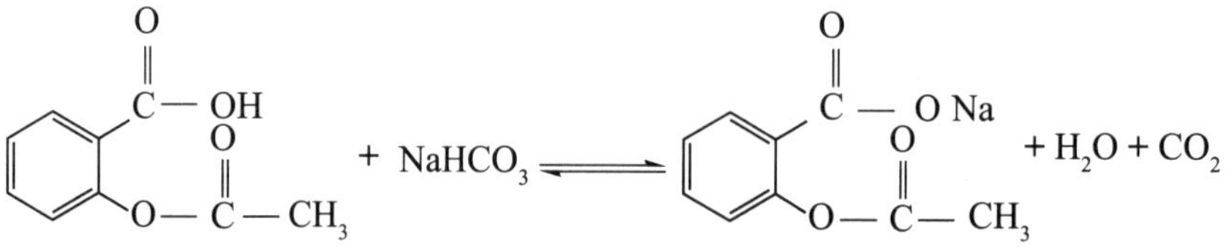

因此，可通过过滤除去高聚物。没有反应的水杨酸则可通过重结晶与阿司匹林分离。

酚可以与 $FeCl_3$ 形成深紫色配合物，由于水杨酸的酚羟基与乙酸酐发生了酯化反应，故合成产物阿司匹林应该不再发生颜色反应，利用这一特点可以检验产品的纯度。

红外光谱在化学实验中常用以确定有机物分子中某些官能团和化学键是否存在，以及鉴别两个化合物是否相同。因为各类官能团或化学键在红外光谱上有其特征吸收峰，所以当待测化合物中存在某些特征官能团或化学键时，就会在红外光谱上出现相应的吸收峰。

乙酰水杨酸分子中存在苯环、羧基、酯键等官能团和化学键，其红外谱图中会出现相应的吸收峰，据此可鉴定所得产品是否为阿司匹林。

【仪器与试剂】

仪器与用品：电子天平、锥形瓶（125 mL）、量筒（10 mL、50 mL）、滴管、水浴锅、玻璃棒、烧杯（150 mL、400 mL）、抽滤瓶、布氏漏斗、真空泵、滤纸、表面皿、试管、红外光谱仪等。

试剂：水杨酸晶体、乙酸酐、浓硫酸、饱和 $NaHCO_3$ 溶液、盐酸、乙酸乙酯、$FeCl_3$ 溶液（1%）等。

【实验步骤】

1）阿司匹林的合成

①称取 2.0 g（0.014 5 mol）水杨酸晶体，置于 125 mL 锥形瓶中，加入 5 mL 0.05 mol 乙酸酐，再用滴管加 5 滴浓 H_2SO_4，旋摇锥形瓶，使水杨酸溶解，置于沸水浴中加热约 15 min。

②从水浴中移出锥形瓶，冷却至室温，如不结晶，可用玻璃棒摩擦瓶壁并置于冰水浴中冷却，至开始析出结晶，加冷蒸馏水约 50 mL，使结晶完全析出。

③真空抽滤，用少量冷水洗涤晶体 2 次，继续抽滤，取出粗产品，称量。

④将粗产品移至 150 mL 烧杯中，加入 25 mL 饱和 $NaHCO_3$ 溶液，搅拌至反应完全，抽滤，用 10 mL 水洗涤烧杯和漏斗，并弃去滤渣。

⑤在烧杯中加入 15 mL 1∶3 盐酸（1 体积 HCl 与 3 体积水混合），在搅拌下小心地将滤液倒入烧杯中，阿司匹林又重结晶出来。冰水冷却至结晶完全，抽滤，冷水充分洗涤晶体。将晶体转移至表面皿上，待其干燥后称量，计算产率。

必要时，用乙酸乙酯或乙醚加石油醚混合溶剂将上述产品进行重结晶，可得纯阿司匹林（约 1.5 g 产品加 5~6 mL 乙酸乙酯，水浴加热回流，趁热过滤，滤液置于冰水中冷却，使结晶完全，抽滤，得纯产品）。

2）阿司匹林的鉴定

① $FeCl_3$ 实验：在两支试管中各加入 2 mL 水，分别溶入 1 粒水杨酸和 1 粒阿司匹林，各滴入 2 滴 1 % $FeCl_3$ 溶液，摇动，观察颜色变化。

②用红外光谱分析制备的阿司匹林：用压片法制固体样品，用红外光谱仪测定其谱

图，与已知的纯阿司匹林的红外光谱图对照，鉴定所制样品是否为阿司匹林。

【思考题】

①将粗产品加入饱和 $NaHCO_3$ 溶液后过滤的目的是除去何种杂质?

②不完全反应的水杨酸如何除去?

4.25 自制豆腐

豆腐起源于我国，相传为西汉淮南王刘安所发明，至今已有两千多年的历史。豆腐洁白细嫩、清淡可口，在吃法上可荤可素，烧、炒、煎、炖、炸均可，酸、甜、苦、辣、咸口味俱佳。豆腐可做出上百种佳肴，是人们喜爱的食品。

豆腐营养丰富，含有蛋白质、脂肪、糖等多种有用物质，并含有人体必需的氨基酸，即赖氨酸、甲硫氨酸（又称蛋氨酸）、色氨酸、苏氨酸、苯丙氨酸、亮氨酸、异亮氨酸和缬氨酸。一般来说，植物蛋白中所含的必需氨基酸不完全，且数量也较少，属于不完全蛋白。但是，大豆蛋白例外，它所含的必需氨基酸不仅齐全，而且含量较多，属于完全蛋白，因此它具有较高的营养价值。

肉、禽、蛋、鱼等动物蛋白都含有胆固醇，大豆蛋白却不含有胆固醇，并且大豆蛋白含有一种植物固醇，这种植物固醇进入人体后，可起到阻碍胆固醇吸收的作用。因此，多吃豆制品，不仅可以获得丰富的蛋白质，而且可以减小由胆固醇增加引起的有害影响，所以豆制品非常适合老年人和胆固醇高的人食用。

豆腐不仅营养丰富，而且易于消化。实验表明，煮熟的整粒大豆的消化率仅为 65.3%；把大豆磨成豆浆，消化率可达 85%；把豆浆中的蛋白质凝固变性，制成豆腐、豆腐干等豆制品，消化率可提高至 92%~96%。

2014 年，“豆腐传统制作技艺”入选第四批国家级非物质文化遗产代表性项目名录，这道神奇的中国美食在商品价值之外，被赋予了更多的文化内涵和传承意义。

【实验原理】

制作豆腐需要将大豆浸泡、研磨、制成豆浆。豆浆中含有蛋白质，通常情况下，它不会聚集成团而沉淀下来。这是因为蛋白质分子的表面带有自由的羧基和氨基，这些基团的亲水作用使得蛋白质分子表面有一层水化膜，而且由于这些基团的离子化作用，蛋白质分子的表面还带有电荷，从而使蛋白质分子相互隔离，不会因碰撞而凝结下沉。制作豆腐需要使蛋白质沉淀下来，这就要求除去蛋白质分子表面的水化膜，同时中和蛋白质分子表面的电荷。

使蛋白质沉淀最常用的方法是在其溶液中加入浓的盐溶液：一方面可中和蛋白质分子表面的电荷，使蛋白质颗粒表面的净电荷为零；另一方面，盐类离子的强烈水化作用能使蛋白质失去外层的水化膜，使蛋白质颗粒容易凝结而从溶液中析出。这种方法称为盐析。这样析出的蛋白质，仍能溶于水，且蛋白质的性质不受影响。当蛋白质受热或受到酸、碱、重金属盐和紫外线的作用时，其物理、化学性质会发生改变，不但降低了水溶性，甚至会发生凝结沉淀及形成凝胶等，而且会丧失生化性质，蛋白质的这种变化称为变性。用硫酸钙或卤水点豆腐，利用的就是盐析作用使受热变性的蛋白质部分发生凝结，而后形成凝胶。

【仪器与试剂】

仪器与用品：烧杯（100 mL、400 mL）、量筒（100 mL）、玻璃棒、破壁机、真空泵、布氏漏斗、抽滤瓶、纱布（或棉布）、电炉、电子天平等。

试剂与材料：熟石膏、精盐、黄豆等。

【实验步骤】

①浸泡。选择品质优良的大豆，除去所含的杂质，称取 50 g 放入 400 mL 的烧杯中，加 300 mL 水浸泡 24 h（若气温较高，中间可更换一次水），使黄豆充分膨胀，然后将水弃去。

②研磨。将泡好的黄豆放在破壁机内，加 200 mL 水，进行粉碎。

③制浆。将磨好的豆浆和豆渣一并倒入事先放有滤布的抽滤瓶中进行抽滤。另取 100 mL 水，分多次冲洗滤饼，使豆渣中的豆浆被充分提取，过滤后的滤液即为浓豆浆。

④凝固变性。将自制的浓豆浆倒入洁净的 400 mL 烧杯中，用电炉加热至 80 ℃左右，然后向热豆浆中加入石膏含量相当于黄豆质量 5% 的石膏水（提前用少量水冲成石膏水），边加边搅拌。加完后即停止加热，静止片刻，豆浆中会有凝固的块状沉淀物析出。

⑤成形。将上述有块状沉淀物的豆浆静置 20 min 后过滤，然后将滤布上的沉淀物集中成一团，叠成长方形，放在洁净的桌面上，用一只盛有冷水的小烧杯压在包有豆腐团块的滤布上，大约 30 min，即可制成一小块豆腐。

⑥保存。为了使制成的豆腐保鲜而不变质，可将新制成的豆腐浸于 2%~5% 的食盐水中，放在阴凉处，此法可使豆腐数天内保鲜而不变质。

4.26　无土种植基质水晶泥的制作

【实验原理】

海藻酸钠是一种天然多糖体，它在水中可以形成黏稠的胶状溶液。这种溶液与氯化钙溶液混合时，会发生离子交换反应，海藻酸钠分子中的钠离子与氯化钙溶液中的钙离子交换，形成海藻酸钙凝胶。这个过程伴随着物理变化，即海藻酸钠溶液逐渐变得黏稠，最后凝固成固态的水晶泥。

水晶泥是一种观赏产品，可广泛应用于各类室内植物栽种。水晶泥可代替泥土、泥炭等自然基质种养花草。将花草插在一个盛满水晶泥的玻璃花瓶中，可摆放在家中各处。彩色水晶泥外观晶莹透明，酷似水晶珠，它的主要成分是一种海藻酸钠添加剂，经加工处理后形成水晶般的粒状物，若加入色素便能制成多彩粒状水晶泥。

【仪器与试剂】

仪器：电子天平、电炉、塑料盆、玻璃棒、滴漏器、筛箩等。

试剂：海藻酸钠、防腐剂（苯甲酸钠）、色素、氯化钙、甘油等。

【实验步骤】

①混合液的配制：在塑料盆中加入 1 000 g 60 ℃左右的热水，再在其中加入海藻酸钠 5~8 g、苯甲酸钠 0.1 g、色素 0.3 g，用玻璃棒搅拌，静置 2~3 h 后，再搅拌 10 min，待海藻酸钠完全溶解之后，水晶泥的混合液就制作完成了。

②成形液的配制：将 50 g 氯化钙和 1 250 g 温水混合，随后用玻璃棒搅拌均匀，使其溶解完全。

③配制：把滴漏器（孔径为 8 mm）放在成形液上方，把水晶泥的混合液倒在滴漏器里，使从滴漏器底部滴漏下来的混合液正好滴落在成形液里，滴漏速度以像断了线的珠子为宜，如果混合液不能顺利滴漏，可用玻璃棒在滴漏器中搅拌，以促使其尽快滴漏，如仍不能顺利滴漏，说明混合液过于黏稠，可往混合液内倒些开水，边倒边搅拌，至混合液变得稀稠合适为止。注意水也不能倒得过多，因为过稀的混合液就会成缕地往下流，无法形成圆珠的形状。经过几小时的浸泡后，海藻胶液便会自行固化干结，形成一颗颗晶亮透明的水晶珠子。

④处理：把已经固化成圆珠状的水晶泥从成形液中捞出放在筛箩上，用清水冲洗几次，以洗掉表面上粘着的成形液，使其变得晶莹剔透，注意处理过程一定要轻，以免损坏水晶泥的形状，失去美观性。

⑤保存：如果需要长时间存放，必须往水晶泥上喷洒一些甘油，以免失去水分，发生干瘪现象。

4.27 茶叶或紫菜中某些微量元素的鉴定

【实验原理】

植物都是有机体，主要由 C、H、O、N 等元素组成。除此之外，还含有 P、I 及某些微量金属元素（如 Fe、Al、Ca、Mg）等。本实验的目的是定性鉴定茶叶或紫菜中的 Fe、Al、Ca、Mg、P 等元素。高温将茶叶或紫菜燃烧灰化后，经酸溶解，即可将其转移到溶液中进行分离和鉴定。

铁铝混合液中 Fe^{3+} 对 Al^{3+} 的鉴定有干扰。可利用 Al^{3+} 的两性，加入过量的碱，使 Al^{3+} 转化为 $[Al(OH)_4]^-$ 留在溶液中，Fe^{3+} 则生成 $Fe(OH)_3$ 沉淀，经分离后除去，以消除干扰。

钙镁混合液中 Ca^{2+} 和 Mg^{2+} 的鉴定互不干扰，可直接鉴定，不必分离。

磷钼酸铵能溶于过量磷酸盐溶液中生成配合物，因此鉴定 PO_4^{3-} 时需加过量钼酸铵试剂。

Fe、Al、Ca、Mg、P 各自的特征反应式如下：

$Fe^{3+} + nSCN^- \rightarrow [Fe(NCS)_n]^{3-n}$（血红色）

Al^{3+} + 铝试剂 +$OH^- \rightarrow$ 红色絮状沉淀

$Ca^{2+} + C_2O_4^{2-} \xrightarrow{HOAc} CaC_2O_4\downarrow$（白色沉淀）

Mg^{2+} + 镁试剂 +$OH^- \rightarrow$ 天蓝色沉淀

$PO_4^{3-} + 3NH_4^+ + 12MoO_4^{2-}\ 24H^+ \rightarrow (NH_4)_3PO_4 \cdot 12MoO_3 \cdot 6H_2O\downarrow$（黄色沉淀）$+6H_2O$

根据上述特征反应的实验现象，可分别鉴定出 Fe、Al、Ca、Mg、P 等元素。

【仪器与试剂】

仪器：酒精灯、高温炉、坩埚、长颈漏斗、水浴锅、烧杯等。

试剂：茶叶或紫菜、HCl 溶液（$6\ mol \cdot L^{-1}$）、HOAc 溶液（$2\ mol \cdot L^{-1}$、$6\ mol \cdot L^{-1}$）、NaOH 溶液（$6\ mol \cdot L^{-1}$）、$(NH_4)_2C_2O_4$ 溶液（$0.25\ mol \cdot L^{-1}$）、$NH_3 \cdot H_2O$ 溶液（$6\ mol \cdot L^{-1}$）、KSCN 溶液、铝试剂、铬黑 T（1%）、钼酸铵等。

【实验内容】

①设计从茶叶或紫菜中分离和鉴定 Fe^{3+}、Al^{3+}、Ca^{2+}、Mg^{2+}、PO_4^{3-} 的实验方案，并验证有无上述离子存在。

②完成实验并写出实验报告。

【思考题】

①欲测茶叶或紫菜中 Ca 和 Mg 的含量，应如何设计方案？

②试讨论从茶叶或紫菜中鉴定碘的实验方案。

4.28　氯化钠的制备

【实验目的】

①熟悉盐类溶解度的知识及其在无机物提纯中的应用。

②掌握加热、溶解、过滤（常压过滤和减压过滤）、蒸发、结晶和干燥等操作。

【实验原理】

较高纯度的氯化钠（例如试剂级和医用级别）是由粗食盐提纯制备的。粗食盐中含有泥沙等不溶性杂质和 K^+、Ca^{2+}、Mg^{2+}、Fe^{3+}、SO_4^{2-} 及 CO_3^{2-} 等可溶性杂质。不溶性杂质可用溶解和过滤的方法除去。对于可溶性杂质，由于氯化钠的溶解度随温度的变化很小，所以难以用重结晶的方法纯化，需用化学方法进行离子分离，Ca^{2+}、Mg^{2+}、Fe^{3+} 和 SO_4^{2-} 等可溶性杂质离子可以通过选用合适的试剂生成不溶性化合物而除去。先在粗食盐的饱和溶液中加入稍微过量的 $BaCl_2$ 溶液以除去 SO_4^{2-}：

$$Ba^{2+} + SO_4^{2-} \longrightarrow BaSO_4 \downarrow$$

过滤溶液，除去 $BaSO_4$ 沉淀。再在溶液中加入 Na_2CO_3 溶液，发生以下反应：

$$Ca^{2+} + CO_3^{2-} \longrightarrow CaCO_3 \downarrow$$

$$2Mg^{2+} + 2CO_3^{2-} + H_2O \longrightarrow [Mg(OH)]_2CO_3 \downarrow + CO_2 \uparrow$$

$$2Fe^{3+} + 3CO_3^{2-} + 3H_2O \longrightarrow 2Fe(OH)_3 \downarrow + 3CO_2 \uparrow$$

$$Ba^{2+} + CO_3^{2-} \longrightarrow BaCO_3 \downarrow$$

过滤溶液，不仅可除去 Ca^{2+}、Mg^{2+}、Fe^{3+}，还可将前面过量的 Ba^{2+} 一起除去。过量的 Na_2CO_3 则用 HCl 中和后除去。其他少量可溶性杂质（如 KCl）和上述沉淀剂不发生反应，但由于 KCl 的溶解度比 NaCl 大，可通过浓缩蒸发结晶后留在母液中。NaCl 和 KCl 在不同温度下的溶解度见表 4-28-1。

表 4-28-1　不同温度下 NaCl 和 KCl 的溶解度

物质	不同温度下的溶解度/$g \cdot (100\ gH_2O)^{-1}$							
	10 ℃	20 ℃	30 ℃	40 ℃	50 ℃	60 ℃	80 ℃	100 ℃
KCl	25.8	34.2	37.2	40.1	42.9	45.8	51.3	56.3
NaCl	35.7	35.8	36.0	36.2	36.7	37.1	38.0	39.2

【仪器与试剂】

仪器与用品：托盘天平、电子天平、离心机、电热炉、烧杯、玻璃棒、滴管、普通漏斗、真空泵、布氏漏斗、抽滤瓶、蒸发皿、石棉网、洗瓶、移液管、比色管、滤纸、剪刀等。

试剂：粗食盐、$BaCl_2$ 溶液（$1\ mol \cdot L^{-1}$）、Na_2CO_3 溶液（20%）、HCl 溶液（$2\ mol \cdot L^{-1}$、$3\ mol \cdot L^{-1}$）、Fe^{3+} 标准溶液（$0.01\ mg \cdot mL^{-1}$）、SO_4^{2-} 标准溶液（$0.01\ mg \cdot mL^{-1}$）、pH 试纸、$BaCl_2$ 溶液（25%）、KSCN 溶液（25%）等。

【实验步骤】

1）试剂氯化钠的制备

（1）除去 SO_4^{2-}　用托盘天平称取约 20.0 g 粗食盐，研细后倒入 150 mL 烧杯中，加水 65 mL，用玻璃棒搅拌，并加热使其溶解。然后趁热边搅拌边逐滴加入 $1\ mol \cdot L^{-1}$ $BaCl_2$

溶液，要求将溶液中全部的 SO_4^{2-} 都转化为 $BaSO_4$ 沉淀。由于 $BaCl_2$ 的用量随粗食盐的来源不同而异，所以应通过实验确定最少用量。为了检验沉淀是否完全，用离心试管取 2 mL 溶液，在离心机上离心分离，分离后在上层清液中加入一滴 $BaCl_2$ 溶液，如仍有沉淀产生，表明 SO_4^{2-} 尚未除尽，需向烧杯中补加 $BaCl_2$ 溶液。如此操作并反复检验，直到在上层清液中加入一滴 $BaCl_2$ 溶液后，不再产生白色沉淀为止，表明 SO_4^{2-} 已除尽，记录所用 $BaCl_2$ 溶液的量。沉淀完全后，继续加热 5 min，以使沉淀颗粒长大而易于沉降，用普通漏斗进行常压过滤。

（2）除去 Ca^{2+}、Mg^{2+}、Ba^{2+} 将滤液加热至沸腾，用小火保持微沸，边搅拌边滴加 20% Na_2CO_3 溶液，使 Ca^{2+}、Mg^{2+}、Ba^{2+} 都转化为难溶碳酸盐或碱式碳酸盐沉淀，检验 Ca^{2+}、Mg^{2+}、Ba^{2+} 生成的沉淀是否完全，当不再产生沉淀时，记录 Na_2CO_3 溶液的用量。在此过程中注意补充蒸馏水，保持原体积，防止 NaCl 析出。当沉淀完全后，进行第二次常压过滤。

（3）除去多余的 CO_3^{2-} 向滤液中滴加 2 mol · L^{-1} HCl 溶液，调节 pH 约为 6，记录所用 HCl 溶液的体积。将滤液倒入蒸发皿中，微火蒸发使 CO_3^{2-} 转化为 CO_2 逸出。

（4）蒸发、浓缩、制备试剂 NaCl 将蒸发皿中的溶液微火蒸发浓缩至稠粥状（切勿蒸干），趁热进行减压过滤，将 NaCl 结晶尽量抽干。

（5）干燥 将结晶移于蒸发皿中，在石棉网上用较高温度烘炒，用玻璃棒不断翻动，防止结块。当无水蒸气逸出后，改用高温烘炒数分钟，即得到洁白和松散的 NaCl 晶体。冷却至室温，称重，计算产率。

2）产品纯度的检验

本实验只就 Fe^{3+}、SO_4^{2-} 进行限量分析。

（1）Fe^{3+} 的限量分析 在酸性介质中，Fe^{3+} 与 SCN^- 生成血红色配合物 $[Fe(NCS)]^{2+}$，颜色的深浅与 Fe^{3+} 的浓度成正比。

标准系列由实验室提供，按以下用量配制：在三支编号不同的 25 mL 比色管中，分别用移液管加入浓度为 0.01 mg · mL^{-1} 的 Fe^{3+} 标准溶液 0.30 mL、0.90 mL 和 1.50 mL；并加入 25% KSCN 溶液 2.00 mL 和 3 mol · L^{-1} HCl 溶液 2.00 mL，用蒸馏水稀释至刻度并摇匀，即得 Fe^{3+} 标准系列溶液。其浓度分别相当于：优级纯（一级）试剂，内含 0.003 mg Fe^{3+}；分析纯（二级）试剂，内含 0.009 mg Fe^{3+}；化学纯（三级）试剂，内含 0.015 mg Fe^{3+}。

在电子天平上称取约 3.00 g NaCl 产品，放入 25 mL 比色管中，加 10 mL 蒸馏水使之溶解，再加入 2.00 mL 25% KSCN 溶液和 2.00 mL 3 mol · L^{-1} HCl 溶液，然后稀释到 25 mL（比色管刻度线），摇匀。将试样与标准溶液进行目视比色，确定试样的等级。

（2）SO_4^{2-} 的限量分析 试样中微量的 SO_4^{2-} 与 $BaCl_2$ 溶液作用，生成白色难溶的

$BaSO_4$，使溶液变浑浊。溶液的浑浊度与 SO_4^{2-} 的浓度成正比，因此借比浊法可以对 SO_4^{2-} 进行限量分析。

标准系列由实验室提供，按以下用量配制：在三支编号不同的 25 mL 比色管中，分别加入浓度为 0.01 mg · mL^{-1} 的 SO_4^{2-} 标准溶液 1.00 mL、2.00 mL 和 5.00 mL；并各加入 25% $BaCl_2$ 溶液 3 mL 和 3 mol · L^{-1} HCl 溶液 1 mL，用蒸馏水稀释至刻度并摇匀，即得 SO_4^{2-} 标准系列溶液。其浓度分别相当于：优级纯（一级）试剂，内含 0.01 mg SO_4^{2-}；分析纯（二级）试剂，内含 0.02 mg SO_4^{2-}；化学纯（三级）试剂，内含 0.05 mg SO_4^{2-}。

称取 1.00 g NaCl 产品，放入 25 mL 比色管中，加入 10 mL 蒸馏水使之溶解，再加入 3 mol · L^{-1} HCl 溶液 1 mL 和 25% $BaCl_2$ 溶液 3.3 mL，用水稀释至刻度并摇匀。将试样与标准溶液进行比浊，确定试样的等级。

【思考题】

①除去 Ca^{2+}、Mg^{2+} 和 SO_4^{2-} 时，为什么先加 $BaCl_2$ 溶液，然后在 $BaSO_4$ 过滤掉后再加 Na_2CO_3 溶液？在什么情况下 $BaSO_4$ 可能转化为 $BaCO_3$?

②如何除去过量的 $BaCl_2$、Na_2CO_3?

③在蒸发浓缩结晶时为什么不能将溶液蒸干？

④在检验产品纯度时，能否用自来水来溶解 NaCl？为什么？

4.29 纸上色谱法鉴定 Fe^{3+}、Co^{2+}、Ni^{2+}、Cu^{2+}

【实验目的】

①了解纸上色谱法的基本原理及操作技术。

②学会用纸上色谱法鉴定某些离子。

【实验原理】

色谱分析是分离鉴定化合物的一类重要方法，广泛应用于有机化学、生物化学、医学等领域的科学研究及有关化工生产领域。色谱种类繁多，根据分离机理的不同，可分为吸附色谱、分配色谱、离子交换色谱、排阻色谱等；按操作条件的差异，可分为纸色谱、薄层色谱、柱色谱、气相色谱和高压液相色谱等。它们的共同特点都是必须有两个相：一个是固定相，一个是流动相。色谱分析方法的实质是混合物中不同组分在相对运动的两相中的吸附、溶解或其他亲和作用性能的差异，造成各个组分的运动速度不同，从而使它们彼此得到分离。

纸色谱又称纸上色谱，是一种分配色谱，以滤纸为载体，让样品溶液在滤纸上展开而达到分离的目的。它适用于分离少量混合物，操作简便，分离效率高。

纸上色谱法中，滤纸上吸附的水分为固定相，而含有一定量水的有机溶剂为流动相

（称为展开剂）。展开时，将滴有样品的滤纸的一端浸入展开剂中，由于滤纸的毛细作用，展开剂沿滤纸上升。当它经过所滴样品试样时，试样中的每个组分随之向上移动。但是试样中的各组分在固定相（水）和流动相（有机溶剂）中的溶解度不同，在水中溶解度较大的组分倾向于留在某个位置，向上移动的速度较慢，而在有机溶剂中溶解度较大的组分随展开剂向上移动的速度较快。这样，经过足够长的时间后，所有组分都可以得到分离，各组分将在滤纸的不同位置留下斑点。对某一给定组分来说，其移动距离与有机溶剂移动距离的比值是一常数，称为该组分的比移值（R_f），可以根据不同的 R_f 值来鉴定各组分。但是，由于影响 R_f 值的因素较多，要严格控制比较困难，故在进行定性鉴定时，一般用纯组分进行对照实验。

R_f= 斑点中心距横线的距离/溶剂前沿距横线的距离

【仪器与试剂】

仪器与用品：广口瓶、滤纸、毛细管、铅笔、直尺等。

试剂：丙酮、浓盐酸、饱和 $CoCl_2$ 溶液、饱和 $NiSO_4$ 溶液、饱和 $CuSO_4$ 溶液、饱和 $FeCl_3$ 溶液、未知液、浓氨水等。

【实验步骤】

1）展开剂的配制

严格按照丙酮：浓盐酸：水 = 90：5 ：5 的比例（体积比）配制展开剂。取 5 mL 展开剂，放入洁净、干燥的广口瓶中，盖上瓶塞。

2）点样

取 5 cm × 15 cm 的滤纸作为色谱纸。以 5 cm 长的一边为底边，在距底边 2 cm 处用铅笔画一横线，按图 4-29-1 将纸剪成 1 cm × 10 cm 的 5 条。在每条纸上铅笔线的中心位置上，用干净的专用毛细管分别蘸取少量饱和 $CoCl_2$ 溶液、饱和 $NiSO_4$ 溶液、饱和 $CuSO_4$ 溶液、饱和 $FeCl_3$ 溶液及未知液，小心点样，每种试液的斑点直径约为 0.5 cm。注意应在滤纸上端分别标出 Co^{2+}、Ni^{2+}、Cu^{2+} 、Fe^{3+} 及未知样的名称。自然干燥。

3）展开

将点样的滤纸放入广口瓶，使滤纸下端浸入展开剂约 1 cm（图 4-29-2），注意不要使试液斑点浸入展开剂中。盖紧瓶塞，待展开剂前沿上升至离顶端 2 cm 左右时取出滤纸，立即用铅笔记下溶剂前沿的位置。在空气中风干。

4）显色

另取一洁净、干燥广口瓶，加入 5 mL 浓氨水，将滤纸放入广口瓶中，如图 4-29-3 所示，注意滤纸不能浸入氨水中。氨熏 5 min 后，即可得到清晰的斑点。

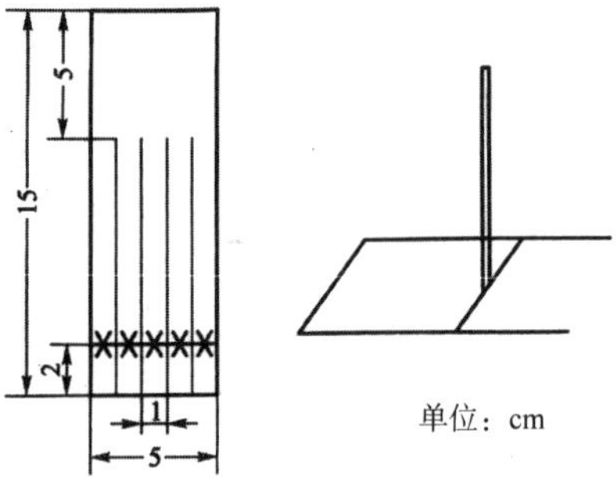

图 4-29-1　纸上色谱用纸

图 4-29-2　展开

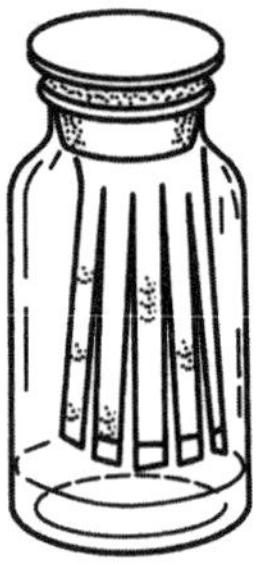
图 4-29-3　氨熏

5）数据记录和处理

将实验数据记录于表 4-29-1 中。

表 4-29-1　实验数据记录表

项目	Co^{2+}	Ni^{2+}	Cu^{2+}	Fe^{3+}	未知液
展开后色谱的颜色					
氨熏后显示的颜色					
溶剂前沿距横线的距离/cm					
斑点中心距横线的距离/cm					
R_f					

①记录四种已知溶液在氨熏后所显示的颜色。

②计算四种已知溶液的 R_f 值。用尺子测量溶剂前沿距横线的距离及每个斑点中心距横线的距离，分别计算 Co^{2+}、Ni^{2+}、Cu^{2+} 、Fe^{3+} 四种离子的 R_f 值。

③未知试样的分析。记录未知液滤纸条上斑点的颜色、位置，计算 R_f 值。根据对照实验，判断未知液中含有哪些离子。

结论：未知液含 ____。

【思考题】

①浓氨水为什么可用作许多阳离子的显色剂？试写出 Co^{2+}、Ni^{2+}、Cu^{2+}、Fe^{3+} 与浓氨水的反应方程式。

②在滤纸上画线时为什么必须用铅笔而不能用钢笔或圆珠笔？

4.30　食品中微量元素的鉴定

【实验目的】

①掌握一些微量元素的鉴定原理和方法。

②掌握高温炉灰化物质的操作方法。

【实验原理】

人体内含量低于 0.1% 的化学元素称为微量元素，其含量通常在亿分之一到万分之一之间。已为人们所知的必需微量元素有铁、锌、铜、氟、钴、碘、铬、钼、硒等十余种。另外，也有一些由呼吸、饮食、皮肤接触等途径进入人体的有害微量元素，如汞、铅、砷、铍等。

微量元素是构成人体组织和调节生理功能的重要成分，越来越多的事实证明，微量元素对人类的健康起着举足轻重的作用。

1）食物中必需微量元素的检测

（1）大豆中微量铁的鉴定　大豆是营养丰富的食物，各类豆制品更是人们喜爱的大众化食品。大豆中不仅富含植物性蛋白质，不含胆固醇，而且含有一些人体所必需的微量元素，如铁、锌和铬等。

经灰化、酸浸处理后，大豆中的 Fe^{3+} 能与 SCN^- 反应生成血红色配合物 $Fe(NCS)^{2+}$，反应方程式如下：

$$Fe^{3+} + SCN^- \longrightarrow [Fe(NCS)]^{2+}$$

（2）谷物中微量锌的鉴定　锌是维持人体正常生理活动和生长发育所必需的一种微量元素，一般在坚果、豆类、谷物中含量较多，小麦、玉米中的锌主要存在于胚芽和皮中。

微量锌的鉴定可采用二硫腙显色。锌与二硫腙在 pH = 4.5~5 时反应生成紫红色配合物，反应方程式如下：

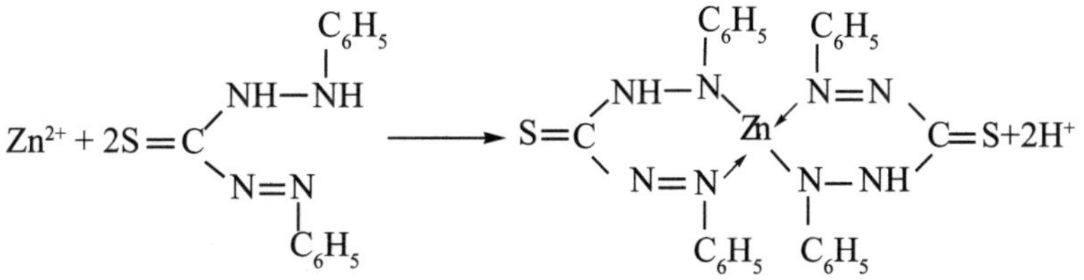

该配合物能溶于 CCl_4 等有机溶剂中，故可用有机溶剂萃取分离。但 Pb^{2+}、Fe^{3+}、Hg^{2+}、Ca^{2+}、Cu^{2+} 等离子对微量锌的鉴定有干扰作用，可用 $Na_2S_2O_3$ 和盐酸羟胺掩蔽。

（3）海带中微量碘的鉴定　海带是营养价值和经济价值都较高的食品，特别是含有人类健康必需的微量元素碘。人体内缺少碘不但会引起甲状腺肿，而且会造成智力低下。

在碱性条件下灰化海带，其中的碘会被有机物还原为 I^-。在酸性条件下，KNO_2 能将 I^- 氧化为 I_2，I_2 与淀粉分子结合，形成蓝色化合物。

2）食物中有害微量元素的检测

（1）油条中微量铝的鉴定 油条（或油饼）是很多人经常食用的食品。为了使油条松脆可口，通常加入明矾（$KAl(SO_4)_2 \cdot 12H_2O$）和小苏打（$NaHCO_3$），因而油条中含有微量的铝元素。

近年来医学界研究发现，吃进人体的铝对健康危害很大，能引起痴呆、骨痛、贫血、甲状腺功能降低、胃液分泌减少等。摄入过量的铝会影响人体对磷的吸收和能量代谢，降低生物酶的活性。铝还会引起神经细胞的死亡，并损害心脏。铝进入人体后，可形成牢固的、难以消化的配位化合物，使毒性增加。日本等发达国家已明确将铝列为有害元素，并制定了相应的环保法规，限制其使用和排放。

鉴定时，取小块油条切碎灰化，用 6 mol · L^{-1} HNO_3 溶液浸取，浸取液加巯基乙酸溶液，混匀后，加铝试剂缓冲溶液，加热，观察到有红色絮状沉淀生成，说明样品中含有铝元素。

（2）松花蛋中微量铅的鉴定 松花蛋是一种具有特殊风味的食品，但制作工艺使其往往受到铅的污染。铅进入人体后，绝大部分形成难溶的磷酸铅，沉积于骨骼中，产生积累作用。铅主要损害骨髓造血系统和神经系统，危害极大。

在中性或酸性条件下，Pb^{2+} 可与二硫腙形成一种疏水的红色配合物，反应方程式如下：

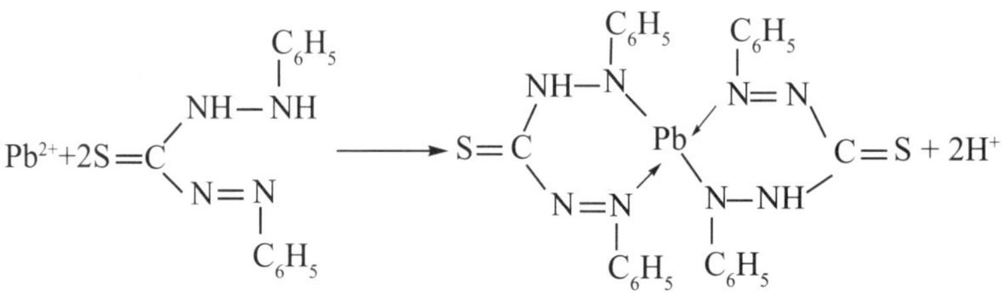

该配合物可用 CCl_4 或 $CHCl_3$ 萃取分离。二硫腙是一种广泛配位剂，用它鉴定 Pb^{2+} 时，Fe^{3+}、Hg^{2+}、Ca^{2+}、Cu^{2+} 等对微量铅的鉴定有干扰作用，可加 $Na_2S_2O_3$ 和盐酸羟胺掩蔽。

【仪器与试剂】

仪器与用品：坩埚、高温炉、长颈漏斗、滤纸、点滴板、蒸发皿、电热炉、烘箱等。

试剂与材料：大豆、面粉、海带、油条、松花蛋、HCl 溶液（2 mol · L^{-1}、6 mol · L^{-1}）、H_2O_2 溶液（3%）、KSCN 溶液（0.1 mol · L^{-1}）、HNO_3 溶液（1 mol · L^{-1}、6 mol · L^{-1}）、1 : 1（体积比）的 HNO_3 溶液、$Na_2S_2O_3$ 溶液（25%）、盐酸羟胺溶液（20%）、二硫腙（0.002%）-

CCl_4 溶液、KOH 溶液（10 mol・L^{-1}）、浓 H_2SO_4、淀粉试剂、KNO_2 溶液（1%）、巯基乙酸溶液（0.8%）、HOAc-NaOAc 缓冲溶液、铝试剂、柠檬酸铵溶液（20%）、氨水（2 mol・L^{-1}）等。

【实验步骤】

1）大豆中微量铁的鉴定

①称取 2 g 大豆，放入坩埚内，于高温炉中逐渐升温至 600 ℃，燃烧 1 h（中间可打开几次炉门，以保证炉内有足量的氧气），得到白色灰状物。加 10 mL 2 mol・L^{-1} HCl 溶液溶解，浸提后过滤，得到样品溶液。必要时，可在清液中滴加少量 H_2O_2 溶液。随后加热除去过量的 H_2O_2。

②在点滴板上滴加样品溶液，再滴加 0.1 mol・L^{-1} KSCN 溶液，观察有无血红色配合物生成。

2）面粉中微量锌的鉴定

①称取 5 g 面粉，放入蒸发皿内，在 550 ℃高温炉中灰化 1 h（中间可打开几次炉门），得到灰化产物。加 2 mL 6 mol・L^{-1} HCl 溶液，水浴蒸发至干，冷却后加少量水溶解得到样品溶液。

②取 2 mL 样品溶液，用 1 mol・L^{-1} HNO_3 调节 pH 为 4.5~5，必要时加 pH = 4.74 的 HOAc-NaOAc 缓冲溶液，再加 0.5 mL 25% $Na_2S_2O_3$ 溶液和 0.5 mL 20% 盐酸羟胺溶液，最后加约 5 mL 二硫腙（0.002%）-CCl_4 溶液。剧烈振荡后，观察 CCl_4 层是否有紫红色配合物生成。

3）海带中微量碘的鉴定

①称取 2 g 海带（除去泥沙后），切细后放入蒸发皿内，加 5 mL 10 mol・L^{-1} KOH 溶液，在烘箱中烘干，然后在 600 ℃高温炉中灰化 1 h，得到白色灰状物。冷却后加水约 10 mL，加热溶解灰分，过滤。用约 30 mL 热水分几次洗涤蒸发皿和滤纸，所得滤液供鉴定用。

②取 2 mL 样品，加 2 mL 浓 H_2SO_4 酸化，加 1 mL 淀粉试剂和 2 mL 1% KNO_2 溶液，放置片刻，观察溶液是否变蓝。

4）油条中微量铝的鉴定

①称取 5 g 油条，切碎后放入蒸发皿内，在 600 ℃高温炉中灰化 1 h，得到白色灰状物。冷却后加入 2 mL 6 mol・L^{-1} HNO_3 溶液，水浴蒸干，将产物用少量水溶解，得样品溶液。

②取 2 mL 样品溶液，加 5 滴 0.8% 巯基乙酸溶液，摇匀后再加入 1 mLHOAc-NaOAc 缓冲溶液和铝试剂，水浴加热，观察有无红色沉淀生成。

5）松花蛋中微量铅的鉴定

①取 1/4 个松花蛋（约 20 g），加少量水于蒸发皿中捣碎，水浴蒸发，在 600 ℃高温炉中灰化 1 h，得到灰状物。冷却后，加入 1∶1（体积比）的 HNO_3 溶解（必要时可过滤），即得样品溶液。

②取 2 mL 样品溶液，加入 1 mL 20% 柠檬酸铵和 1 mL 20% 盐酸羟胺溶液，用氨水调节 pH=9，再加入约 2 mL 二硫腙（0.002%）-CCl_4 溶液，剧烈摇动后，观察 CCl_4 层中有无红色配合物生成。

【思考题】

①试说出另外一种鉴定微量铁离子的方法。

②鉴定碘离子时，为何首先向海带样品中加入浓 KOH 溶液，然后再进行灼烧处理？

③生活中如何防止摄入较多铝元素和铅元素？

4.31　含 Cr（Ⅵ）废液的处理

【实验原理】

铬矿冶炼、电镀、金属加工、皮革鞣制、油漆等工业废水中都含有铬。在铬的化合物中，Cr（Ⅵ）的毒性最大，故农田灌溉用水的标准规定 Cr（Ⅵ）的含量不得超过 0.1 $mg \cdot L^{-1}$，而饮用水的标准规定 Cr（Ⅵ）的含量不得高于 0.05 $mg \cdot L^{-1}$（强制标准）。

目前含铬废液的处理方法大体上分为两类：一类是化学法，即采用还原剂把 Cr（Ⅵ）还原为 Cr（Ⅲ），然后以 $Cr(OH)_3$ 沉淀的形式除去；另一类是离子交换法。

水中 Cr（Ⅵ）的检测可采用分光光度法，利用 Cr（Ⅵ）与二苯碳酰二肼作用生成紫色配合物的特性，确定溶液中 Cr（Ⅵ）的含量。

在酸性溶液中，二苯碳酰二肼与微量 Cr（Ⅵ）反应的机理为

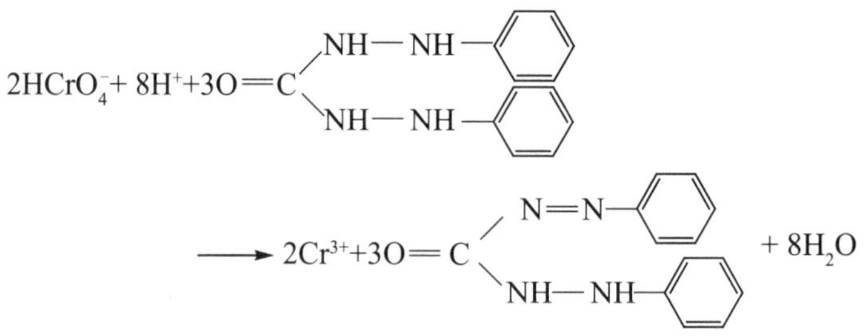

反应中新产生的未水化的 Cr^{3+} 迅速与苯肼碳酰偶氮苯反应生成 1∶2 的红色配合物，即

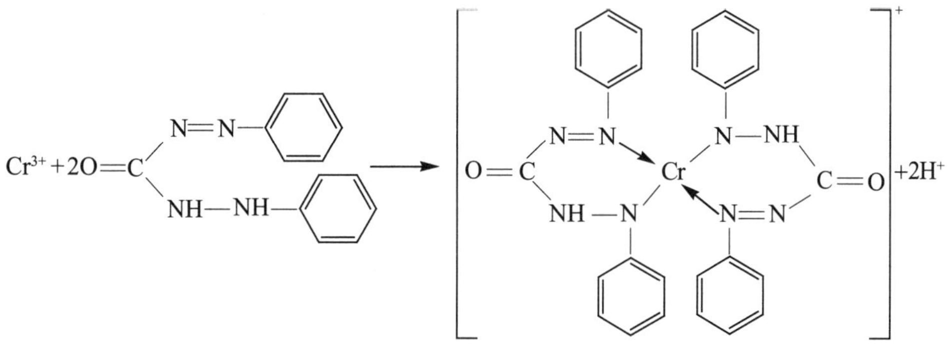

而 $[Cr(H_2O)_6]^{3+}$ 因惰性不能与苯肼碳酰偶氮苯反应。

【仪器与试剂】

仪器：移液管、容量瓶、比色管、722S 型分光光度计（1 cm 比色皿）等。

试剂：Cr（Ⅵ）贮备液（$0.100\ g \cdot L^{-1}$）、H_2SO_4 溶液（1∶1）、H_3PO_4 溶液（1∶1）、二苯碳酰二肼溶液、$FeSO_4 \cdot 7H_2O$、CaO 或 NaOH、H_2O_2 溶液等。

【实验内容】

①设计处理含 Cr（Ⅵ）废液的价廉、简便的处理方案（以框图表示处理工艺过程）。

②绘制标准 Cr（Ⅵ）的含量（μg）与吸光度的曲线图（若用分光光度法）。

③给出处理后的废液中 Cr（Ⅵ）的浓度（$mg \cdot L^{-1}$）。

【实验提示】

水中 Cr（Ⅵ）的检测亦可采用目视比色法。这是一种直接用眼睛观察，比较溶液颜色深浅以确定物质含量的方法。最常用的目视比色法是标准系列法，这种方法的要点如下。

①配制标准色阶：标准色阶的配制是在一套比色管（管的材质、形状和大小要完全相同）中分别加入不同量的标准溶液，在相同条件下，加入等量的显色剂和其他试剂，并稀释到相同体积，摇匀，即配成一套颜色逐渐加深的标准色阶。

②待测液的显色应当与标准色阶在相同条件下同时进行。

③进行目视比色时，人的眼睛应从比色管口垂直向下观察。

④进行目视比色时，若待测液的颜色与标准色阶中某一标准液的颜色相同，则待测液浓度等于该标准液浓度；若待测液的颜色在两标准液颜色之间，则待测液浓度等于两标准液浓度的平均值。

【实验步骤】

工作曲线的绘制（分光光度法）或标准比色系列溶液的配制（目视比色法）方法相同，操作方法如下。

①用实验室提供的 $0.100\ g \cdot L^{-1}$ 的 Cr（Ⅵ）贮备液配制 $1.00\ mg \cdot L^{-1}$ 的 Cr（Ⅵ）标准液。

②移取 $1.00\ mg \cdot L^{-1}$ 的 Cr（Ⅵ）标准液 0.00 mL、1.00 mL、2.00 mL、4.00 mL、8.00 mL，分别置于 25 mL 比色管内，用蒸馏水稀释至刻度线。

③在上述溶液中分别加入 1 : 1 的 H_2SO_4 溶液和 1 : 1 的 H_3PO_4 溶液各 5 滴，摇匀后再加入二苯碳酰二肼溶液 1.5 mL，摇匀，即配成标准比色系列溶液。若用分光光度法分析，可以 540 nm 波长、1 cm 比色皿测定溶液的吸光度，绘制工作曲线。

【注意事项】

1）处理含铬废水时应注意的事项

①若 Cr（Ⅵ）在酸性介质中用 Fe^{2+} 还原，则处理后的废液中 Cr（Ⅲ）和 Fe（Ⅲ）应用碱沉淀完全。所谓沉淀完全是指残留在液相中的离子浓度小于 10^{-5} mol · L^{-1}。需计算 $Fe(OH)_3$ 和 $Cr(OH)_3$ 沉淀完全时溶液的 pH 各是多少。

② Cr（Ⅵ）在酸性介质中主要以 $Cr_2O_7^{2-}$ 形式存在，为橘红色，Cr^{3+} 的水合离子为绿色，$Cr(OH)_3$ 为灰蓝色沉淀。$Cr(OH)_3$ 有较明显的两性，可溶于过量碱：

$$Cr(OH)_3 + OH^- \longrightarrow [Cr(OH)_4]^-$$

2）检验处理后废水水质时应注意的事项

①处理后废水中残留的 Cr（Ⅵ）的分析显色方法与标准溶液的显色方法相同。

②为了防止 Fe^{2+}、Fe^{3+}、Hg_2^{2+}、Hg^{2+} 的干扰，可加入适量 H_3PO_4。

【思考题】

① Cr（Ⅵ）的廉价还原剂有哪些？何者最佳？

②为使 $Cr(OH)_3$ 沉淀完全，pH 应调至什么范围？

③如果要检测处理后的废水中铬的含量，残留的 Cr（Ⅲ）也应先转化为 Cr（Ⅵ）。在除去 $Cr(OH)_3$ 沉淀的滤液中，用哪种氧化剂把 Cr（Ⅲ）氧化为 Cr（Ⅵ）？写出反应的离子式。如果选择 H_2O_2 作为氧化剂，在分析液相中残留的 Cr（Ⅵ）时，H_2O_2 是否应当除去？为什么？

4.32　从实验室废液中回收 Ag 和 CCl_4

【实验原理】

化学实验室产生的大量废液中含有许多贵重金属、有机溶剂以及有毒有害组分，通常需要回收其中的组分或进行处理，以免造成药品浪费和环境污染。

含 Ag 废液中的 Ag 元素一般以 AgCl、AgBr、AgI 沉淀或 $[Ag(NH_3)_2]^+$、$[Ag(S_2O_3)_2]^{3-}$ 配离子等形式存在。这些不溶性或可溶性的银化合物，均可转化为溶解度更小的 Ag_2S 沉淀。沉淀分离后，利用氧化还原反应，可以将 Ag_2S 中的 Ag 元素还原为单质，经净化、冶炼即可得到金属 Ag。

回收的 CCl_4 废液中，一般溶有卤素单质 Br_2 和 I_2 等。根据极性相似相溶原则，可用还原剂将疏水的非极性卤素单质 Br_2、I_2 等还原为极性的卤素负离子 Br^-、I^- 等，使碘元素、

溴元素从 CCl_4 中被反萃取进入水相中，从而回收纯的 CCl_4。

【仪器与试剂】

仪器：烧杯、普通漏斗、分液漏斗、坩埚等。

试剂：Na_2S、NaCl、Zn 粉、盐酸、无水 $CaCl_2$、Na_2SO_3、$FeSO_4$ 等。

【实验内容】

①设计从实验室含 Ag 废液中回收 Ag 的合理方案，并通过实验提取金属 Ag。

②设计从实验室含 CCl_4 废液中回收 CCl_4 的合理方案，并以此方案处理 500~1 000 mL 含 CCl_4 废液。

【思考题】

①在处理提纯 Ag 的过程中，引入的杂质应如何除去?

②设计从实验室含 CCl_4 废液中回收 CCl_4 的合理方案，并以此方案处理 10 mL 含 CCl_4 废液。

4.33　海带中碘的提取

【实验目的】

①了解从植物中提取无机物的一般方法。

②学习萃取的原理和操作。

③利用氧化还原反应将待提取物转化为易于提取的物质，体会转化方法在物质分离中的应用。

4.33.1　灰化法海带提碘实验

【实验原理】

海带营养价值高，含有丰富的矿物质元素。海带细胞中的碘元素含量一般在 0.3% 以上，最高可达 0.9%。海带中碘元素以三种形式存在，88.3% 为 I^-，10.3% 为有机碘，1.4% 为 IO_3^-，因此海带可作为提取碘单质的原料。

灼烧干海带可以使其中的有机化合物分解而被除去，用水浸取灼烧得到的灰烬，过滤后可得到含有 I^- 的滤液。滤液中含有多种可溶性无机盐，直接将碘化物与这些无机盐分离比较困难，可以先将 I^- 氧化为 I_2，再用萃取法将其提取出来。

萃取是利用物质在互不相溶（或微溶）的溶剂中溶解能力的不同而进行分离或提纯的方法。例如，CCl_4 与水互不相溶，而 I_2 在 CCl_4 中的溶解能力比在水中的溶解能力强，将 CCl_4 与含有 I_2 的水溶液混合振荡，I_2 会从水中富集到 CCl_4 中。静置分层后，上面的水层的颜色变浅，下面的 CCl_4 层呈紫红色，这是 I_2 在 CCl_4 中富集的结果。萃取还可用于"洗去"混合物中的少量杂质，此时的萃取也称为洗涤。分液漏斗是萃取常用的仪器。

【仪器与试剂】

仪器与用品：电子天平、分液漏斗（125 mL）、烧杯（100 mL）、玻璃棒、蒸发皿、电炉、剪刀、量筒（10 mL、50 mL）、铁架台、滤纸等。

试剂与材料：H_2SO_4 溶液（3 mol · L^{-1}）、$FeCl_3$ 溶液（0.2 mol · L^{-1}）、CCl_4、干海带等。

【实验步骤】

①灼烧：称取 10 g 干海带，剪成小块，放入蒸发皿中。把蒸发皿置于电炉上，在通风橱中加热灼烧，将海带烧成灰烬后，自然冷却。

②浸取和过滤：将海带灰转移到小烧杯中，加入 30 mL 蒸馏水，搅拌，煮沸（煮的过程中补充适量蒸馏水，保证滤液体积为 20 mL 左右），过滤，收集滤液，弃去滤渣。

③氧化：先向滤液中加入 3 mL 3 mol · L^{-1} H_2SO_4 溶液进行酸化，再加入 10 mL 0.2 mol · L^{-1} $FeCl_3$ 溶液，搅拌使发生氧化还原反应。

④萃取：将经氧化处理后的溶液转入分液漏斗中，再加入 3 mL CCl_4，振摇分液漏斗后静置。分层后收集下层富含 I_2 的 CCl_4 置于指定的容器中；用 CCl_4 再次萃取上层水层，并与第一次萃取后的 CCl_4 合并。

【思考题】

灼烧海带的作用是什么？除灼烧之外，还可以采用其他方法来处理海带吗？

4.33.2　水浸法海带提碘实验

【实验原理】

用水浸泡海带后，浸提液中含有碘离子和有机碘，在酸化条件下加入三价铁盐可将 I^- 氧化为 I_2，再加入 CCl_4 可将溶液中的 I_2 萃取出来。

【仪器与试剂】

仪器与用品：牙刷、剪刀、烧杯（100 mL）、电子天平、玻璃棒、分液漏斗（125 mL）、量筒、滴管、铁架台、滤纸等。

试剂与材料：$FeCl_3$ 溶液（0.2 mol · L^{-1}）、干海带、乙酸溶液（总酸含量≥ 30 g/100 mL）、CCl_4 等。

【实验步骤】

①称取 5 g 干海带，用牙刷刷净表面附着物，剪碎，将碎末放入小烧杯中。

②向小烧杯中加入 25 mL 蒸馏水，浸泡海带碎末，搅拌 2 min。用倾泻法取出 15 mL 海带浸提液于另一个小烧杯中。

③向浸提液中边滴加 20 滴乙酸溶液边搅拌。

④向浸提液中加入 4 mL 0.2 mol · L^{-1} $FeCl_3$ 溶液，边滴边搅拌。

⑤将小烧杯中的溶液移入分液漏斗，加入 3 mL CCl_4 进行萃取，萃取后分液漏斗中出现分层现象。下层是 CCl_4 层，呈较深的紫红色，说明 I_2 被萃取出来；上层是水层，呈深黄色。将上层水溶液重复用 CCl_4 萃取 1~2 次，尽量将 I_2 分离出来。

【注意事项】

CCl_4 有毒，使用时不可过量。萃取液不可随意倾倒，必须放入指定容器中由专人进行废液处理。

4.34　从厨余垃圾到碳量子点

碳量子点（carbon quantum dots，CQDs），也称为碳点或碳纳米点，是一类具有荧光性能的零维碳纳米材料，由超细、分散、准球形、粒径小于 10 nm 的碳纳米颗粒组成。碳量子点具有光学性质优秀、水溶性良好、毒性低、环境友好、原料来源广、成本低、生物相容性好等诸多优点。碳量子点的制备成本低，这使其在材料制备领域有很大的优势，在医学成像设备、微小发光二极管、化学传感器、光催化反应等领域中都有广泛的应用前景。

【实验原理】

碳量子点尺寸极小，其电子被限制在很小的空间内，处于分立的能级。被紫外光照射时，电子捕获光子，受到激发，跃迁到更高的能级。激发态电子不稳定，很快跳回基态，多余的能量以一定波长的光发射，从而产生荧光。苦瓜头、香蕉皮、橙子皮和西瓜皮等厨余垃圾所含的糖类、维生素等，经高温炭化，可生成大量碳颗粒，其中粒径为 2~10 nm 的颗粒具有荧光特性，经表征确定为碳量子点。

【仪器与试剂】

仪器与用品：榨汁机、烤箱（微波炉）、迷你验钞灯（或紫外灯）、滤布（100 目）、研钵、玻璃杯、搅拌棒、蒸发皿。

试剂与材料：乙醚、对苯二胺、苦瓜头（或香蕉皮、橙子皮等）。

【实验步骤】

①将苦瓜头（或香蕉皮、橙子皮等）切成小块，用榨汁机粉碎，将打碎的滤渣放在蒸发皿中，置于 220 ℃烤箱中烘烤 1 h（或用微波炉辐照 30 min）。

②烘烤过的滤渣冷却至室温后，用研钵将其磨成粉末，将粉末放到玻璃杯中，加入适量水，搅拌 10 min，用滤布（100 目）过滤，收集淡黄色的滤液。

③将滤液稀释若干倍，在暗处用迷你验钞灯（或紫外灯）照射，溶液发出明亮的蓝色荧光。若将分散剂水换成乙醚或者对苯二胺，可观察到不同颜色的荧光。

【注意事项】

①若用乙醚或者对苯二胺作为分散剂，需要在通风橱中进行实验。

②使用紫外灯照射时，应确保人员远离紫外线照射范围，避免直接暴露在紫外线下，因为紫外线会对皮肤和眼睛造成伤害。

4.35 原电池及金属腐蚀与防护

实验 4.35
原电池及金属
腐蚀与防护

【实验目的】

①了解原电池的组成以及测定原电池电动势和电极电势的方法。

②了解金属腐蚀的基本原理及防止金属腐蚀的一般方法。

【实验原理】

1）原电池电动势

若某个化学反应（恒温恒压、非体积功为零）的吉布斯函数变 $\Delta_r G_m<0$，则反应能自发进行。将氧化还原反应设计成原电池，则电池的电动势 E 与电池反应的 $\Delta_r G_m$ 之间有如下关系：

$$-\Delta_r G_m=nFE$$

式中：n 为电池反应中转移的电子数；F 为法拉第常数。显然，$E>0$ 时，电池反应能自发进行。由于 $E=E_+-E_-$，氧化剂在正极发生还原反应，还原剂在负极发生氧化反应，所以 $E=E_{\text{氧化剂}}-E_{\text{还原剂}}$，只要测得电池的电动势 E，即可判断电池反应进行的方向。当原电池的一个电极为参比电极（如甘汞电极）时，可通过测定原电池的电动势求得另一电极的电势。

测定原电池的电动势通常采用补偿法（亦称对消法）。较为粗略地测定原电池的电动势时，可用酸度计。酸度计的内阻很大，测量时回路中的电流极小，内压降近似为零，因而测出的外电压降就可作为原电池的近似电动势。

2）金属的腐蚀与防护

当金属与周围介质接触时，由于发生化学作用或电化学作用而引起的破坏称为金属的腐蚀。电化学腐蚀是金属与电解质溶液接触时引起的腐蚀，其特点是形成腐蚀原电池（包括金属自身组成不同而形成的微腐蚀电池、双金属接触而组成的电偶腐蚀电池和氧浓度不同而造成的氧浓差腐蚀电池等）。电化学腐蚀不仅在金属表面发生，还可以在金属内部发生，因此电化学腐蚀对金属的危害更大。防止金属被腐蚀的方法之一是将金属与介质隔开。例如，在金属表面涂漆，镀上耐腐蚀性能好的金属或合金，使金属表面形成一层致密的氧化膜或磷化膜等。电化学防护法（如阴极保护法）和缓蚀剂法（在腐蚀介质中加入能防止或延缓腐蚀过程的物质）也是常用的防腐蚀方法。

【仪器与试剂】

仪器与用品：0~1.5 V 电压表、U 形管（用作盐桥，可多准备几支 U 形管，同时制作盐桥①）、烧杯、试管、导线、细砂纸、滤纸等。

试剂与材料：锌电极、铜电极、铜丝、纯锌块、白铁和马口铁（各 1 片）、铁钉（2 枚）、$CuSO_4$ 溶液（0.1 mol · L^{-1}）、$ZnSO_4$ 溶液（0.1 mol · L^{-1}）、$Pb(NO_3)_2$ 溶液（0.1 mol · L^{-1}）、饱和 KCl 溶液、琼脂、HCl 溶液（0.1 mol · L^{-1}）、H_2SO_4 溶液（1 mol · L^{-1}）、NaCl 溶液（1 mol · L^{-1}）、$K_3[Fe(CN)_6]$ 溶液（0.1 mol · L^{-1}）、腐蚀液（在试管中加入 1 mol · L^{-1} NaCl 溶液 1 mL 和 0.1 mol · L^{-1} $K_3[Fe(CN)_6]$ 溶液 2 滴及 1% 酚酞溶液 2 滴）、环六亚甲基四胺等。

【实验步骤】

1）原电池的组成及电动势的粗略测定

①在两个 50 mL 烧杯中分别加入 0.1 mol · L^{-1} 的 $CuSO_4$ 溶液和 $ZnSO_4$ 溶液。按图 4-35-1 装配成原电池，接上电压表（注意正负极），观察电压表指针的偏转方向，并记录读数。

②分别用锌电极（$c(Zn^{2+})$=0.1 mol · L^{-1}）、铅电极（$c(Pb^{2+})$=0.1 mol · L^{-1}）代替上述原电池的正负极，重新测定电动势并记录读数（注意保留 $CuSO_4$、$ZnSO_4$、$Pb(NO_3)_2$ 溶液待用）。

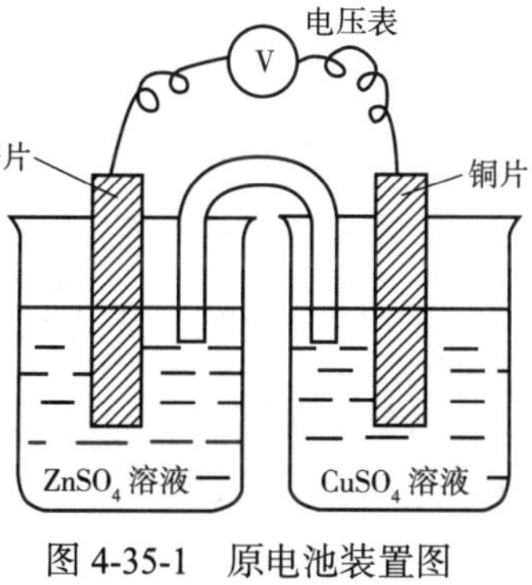

图 4-35-1　原电池装置图

2）金属腐蚀与防护

（1）腐蚀原电池的形成　具体步骤如下。

①取一小块纯锌，放入装有 0.1 mol · L^{-1} HCl 溶液 2~3 mL 的试管中，观察现象。再取一根铜丝插入试管内与锌块接触，观察现象（注意气泡发生的地方）。

②差异充气腐蚀。向用细砂纸磨光的铁片上滴 1~2 滴自己配置的腐蚀溶液，观察现

① 盐桥的制作方法：在 250 mL 烧杯中加入 100 mL 蒸馏水，将 10 g KCl 和 5 g 琼脂放入烧杯中，加热使琼脂溶解后，趁热将琼脂和 KCl 溶液注入 U 形管中，注意管中不能有气泡，用滴管将 U 形管的两头尽量注满，然后放置冷却，溶液即凝成胶冻，即制得盐桥。

象，静置 3~5 min 后再仔细观察不同部位的颜色。

③取白铁和马口铁（白铁为镀锌铁，马口铁为镀锡铁）各 1 片，分别放入盛有 1 mol · L^{-1} H_2SO_4 溶液约 3 mL 的两支试管中，静置片刻。为了检验哪一支试管中的铁先被腐蚀，在两支试管中各加入 0.1 mol · L^{-1} $K_3[Fe(CN)_6]$ 溶液 2~3 滴。若先有蓝色沉淀生成，则反应式为

$$3Fe^{2+} + 2[Fe(CN)_6]^{3-} \longrightarrow Fe_3[Fe(CN)_6]_2\downarrow$$

若先有黄色沉淀，则其反应式为

$$3Zn^{2+} + 2[Fe(CN)_6]^{3-} \longrightarrow Zn_3[Fe(CN)_6]_2\downarrow$$

根据实验现象判断白铁和马口铁中分别是哪种金属先被腐蚀，并解释原因。

（2）金属腐蚀的防护 有以下两种防护方法。

①缓蚀剂法。在两支试管中各加入 2 mL 0.1 mol · L^{-1} HCl 溶液，并各滴入 2 滴 0.1 mol · L^{-1} $K_3[Fe(CN)_6]$ 溶液。再向其中一支试管中加入 10 滴环六亚甲基四胺，向另一支试管中加入 10 滴水（使两试管中 HCl 溶液的浓度相同）。选出表面积近似相等的两枚小铁钉，用水洗净后同时投入上述两支试管中，静置一段时间后观察现象，并比较两支试管中出现蓝色的时间与颜色深浅。

②阴极保护法。将一个滤纸碎片置于表面皿上，并用配置的腐蚀液润湿。将两枚铁钉隔开一段距离置于润湿的滤纸碎片上，分别与 Cu-Zn 原电池（由实验室提供）的正、负极相连。静置一段时间后，观察有何现象并加以解释。

【思考题】

①试计算在 25 ℃ 时，下列原电池的电动势：

$$(-)Zn\left|ZnSO_4(0.1mol\cdot L^{-1})\right\|CuSO_4(0.1mol\cdot L^{-1})\left|Cu(+)\right.$$

$$(-)Zn\left|ZnSO_4(0.1mol\cdot L^{-1})\right\|Pb(NO_3)_2(0.1mol\cdot L^{-1})\left|Pb(+)\right.$$

②为什么含杂质的金属较纯金属易被腐蚀?

③简述防止金属腐蚀的一般原理。

4.36 单、多相离子平衡

实验 4.36 单、多相离子平衡

【实验目的】

①深入了解同离子效应对弱电解质解离平衡的影响。

②了解多相离子平衡中的溶度积规则及其应用。

③认识缓冲溶液的作用，加深对盐类水解及其影响因素的理解。

④掌握试管的使用（加入试剂、加热液体等）和用指示剂检测溶液性质

等基本操作。

【实验原理】

1）弱电解质在溶液中的解离平衡及其移动

常见的弱电解质包括一元弱酸、一元弱碱、多元弱酸、多元配离子等。在一元弱电解质（如 HOAc）溶液中存在下列电离平衡：

$$HOAc \rightleftharpoons H^+ + OAc^-$$

在这种平衡体系中，各组分都处于均匀的溶液相中，因此又称为单相离子平衡。

根据平衡移动的原理，在上述体系中加入与弱电解质含有相同离子的易溶强电解质（如在上例中加入含有 H^+ 或 OAc^- 的易溶强电解质），电离平衡即向生成弱电解质（HOAc）的方向移动，使弱电解质（HOAc）的电离度降低，这种效应称为同离子效应。

向弱酸及其盐（如 HOAc-NaOAc）或弱碱及其盐（如 $NH_3 \cdot H_2O$-NH_4Cl）组成的混合溶液中，加入少量酸、碱或加水稀释后，混合溶液的 pH 保持基本不变，在一定程度上能对外来酸或碱的影响起到抵消、缓冲的作用，这种溶液称为缓冲溶液。由弱酸 - 弱酸盐组成的缓冲溶液的 pH 的计算式为

$$pH = pK^{\ominus} - \lg [c（弱酸）/c（弱酸盐）]$$

同样，由弱碱 - 弱碱盐组成的缓冲溶液的 pH 的计算式为

$$pH = pK_w^{\ominus} - pK_b^{\ominus} + \lg [c（弱碱）/c（弱碱盐）]$$

除上述弱酸 - 弱酸盐、弱碱 - 弱碱盐组成的缓冲溶液以外，由多元弱酸形成的两种不同酸度的盐（如 $NaHCO_3$-Na_2CO_3、NaH_2PO_4-Na_2HPO_4）溶液同样具有缓冲作用。

选择缓冲溶液时，为使缓冲溶液对酸、碱都有较大的缓冲能力，所选择的弱酸的 $pK_a^{\ominus}$ 应尽可能接近缓冲溶液的 pH，选择的弱碱的 $pK_b^{\ominus}$ 应尽可能接近缓冲溶液的 pOH。

2）盐类水解平衡及其移动

盐类水解是组成盐的离子（阳离子或阴离子）和水电离出来的 OH^- 或 H^+ 作用，生成弱碱或弱酸的过程，其结果是使溶液呈酸性或碱性。盐类水解是一个可逆反应，水解度一般不大，水解度的大小取决于盐本身的性质及外部条件（如温度等）。水解生成的弱酸或弱碱越弱，水解产物的溶解度越小，对应的盐的水解度就越大。升高温度或稀释溶液等都可使盐类的水解度增大。

3）难溶电解质的多相离子平衡及其移动

难溶强电解质（用通式 A_mB_n 表示）与其溶解在溶液中的相应离子所建立的化学平衡，即溶解与沉淀之间的多相离子平衡，称为沉淀溶解平衡。与单相离子平衡不同的是，在多相离子平衡体系中，有的组分是固相，有的是液相，离子处在不同相中。离子平衡式为

$$A_mB_n(s) \rightleftharpoons mA^{n+} + nB^{m-}$$

在一定温度的饱和溶液中，难溶电解质各相应离子浓度幂的乘积为一常数，称为难溶

强电解质的溶度积常数，简称溶度积，用 $pK_{sp}^{\ominus}$ 表示。

$$pK_{sp}^{\ominus}=[c(A^{n+})/c^{\ominus}]^m\cdot[c(B^{m-})/c^{\ominus}]^n$$

为了书写简便，省略 $c^{\ominus}$。

设某难溶电解质溶液中某时刻各相应离子浓度幂的乘积为 J：

$$J=c^m(A^{n+})\cdot c^n(B^{m-})$$

根据溶度积可以判断沉淀的生成和溶解：

①当 $J>K_{sp}^{\ominus}$ 时，溶液过饱和，有沉淀析出；

②当 $J=K_{sp}^{\ominus}$ 时，溶液为饱和溶液；

③当 $J<K_{sp}^{\ominus}$ 时，溶液未饱和，无沉淀析出。

如果在多相离子平衡体系中，加入某种试剂与平衡体系中的某种离子结合，使该离子浓度降低，导致难溶电解质的 J 小于溶度积，则难溶电解质就溶解。

如果在某一溶液中，同时含有两种或两种以上的离子都能与所加入的试剂（沉淀剂）反应生成难溶电解质时，沉淀的先后次序取决于所需沉淀剂离子浓度的大小，需要小浓度沉淀剂的离子先沉淀，需要大浓度沉淀剂的离子后沉淀。这种先后沉淀的现象称为分步沉淀。

根据平衡移动原理，将一种难溶电解质转化为另一种难溶电解质，这种过程称为沉淀的转化。一般来说，溶解度较大的难溶电解质容易转化为溶解度较小的难溶电解质。对于类型相同的难溶电解质，也可以利用溶度积的相对大小判断沉淀能否转化，溶度积相差越大，沉淀转化得越完全。

【仪器与试剂】

仪器：试管（10 mL）、离心试管（10 mL）、烧杯（250 mL、100 mL）、量筒（10 mL）、滴管、小玻璃棒、点滴板、试管夹、洗瓶、蒸发皿、酒精灯等。

试剂：HCl 溶液（0.1 mol·L^{-1}、2 mol·L^{-1}）、HNO_3 溶液（2 mol·L^{-1}）、NaOH 溶液（0.1 mol·L^{-1}）、NH_4Cl 溶液（0.5 mol·L^{-1}）、$NaHCO_3$ 溶液（0.5 mol·L^{-1}）、KCl 溶液（0.01 mol·L^{-1}、1 mol·L^{-1}）、KI 溶液（0.01 mol·L^{-1}）、Na_2SiO_3 溶液（10%，）；HOAc、$NH_3\cdot H_2O$、$MgCl_2$、$BiCl_3$、$Al_2(SO_4)_3$、Na_2S、Na_3PO_4、NaH_2PO_4、Na_2HPO_4、NaOAc、NaCl、Na_2CO_3、K_2CrO_4、$Pb(NO_3)_2$、$AgNO_3$，均为 0.1 mol·L^{-1} 溶液；NH_4OAc、$Fe(NO_3)_3$，均为固体；酚酞、甲基橙、甲基红、百里酚蓝、pH 试纸。

【实验步骤】

1）同离子效应

从 HOAc（0.1 mol·L^{-1}）、$NH_3\cdot H_2O$（0.1 mol·L^{-1}）、NH_4OAc、酚酞、甲基橙、甲基红中，选择适当试剂（指示剂的变色范围见附录 9），设计两组实验，验证同离子效应能够使弱酸、弱碱的解离平衡发生移动，解离度降低。要求写出选择的试剂（包括浓度、用量）及操作步骤等，并进行实验。下面给出一组实验方案作为例子，另一组由学生自行设计。

实验方案举例：验证同离子效应能够使弱酸 HOAc 的解离平衡发生移动，解离度降低。

在试管中加入 2 mL 0.1 mol · L^{-1} HOAc 溶液，再加入甲基橙指示剂 1~2 滴，摇匀，观察溶液的颜色，然后将溶液分成两份并放入两支试管中，在其中一支试管中加入少量 NH_4OAc，摇动试管以促进溶解，观察溶液颜色的变化并与另一支试管进行比较。在实验报告中可按表 4-36-1 简写。

表 4-36-1　同离子效应实验报告示例

实验操作		现象	反应式	解释或结论
0.1 mol · L^{-1} HOAc 溶液+甲基橙（2 mL）（1~2 滴）		溶液呈橙红色	$HOAc \rightleftharpoons H^+ + OAc^-$	加入 NH_4OAc 使 HOAc 解离度减小，解离平衡左移
上述溶液分成两份	①留作比较	—	—	
	②加入少量 NH_4OAc	溶液变为黄色	溶液酸性减弱	

2）缓冲溶液

在试管中加入 0.1 mol · L^{-1} HOAc 溶液和 0.1 mol · L^{-1} NaOAc 溶液各 3 mL，加入百里酚蓝指示剂（变色范围见表 4-36-2）数滴，混合后观察溶液的颜色。然后，把溶液分装在四支试管中（使体积大致相同），在其中三支试管中分别加入 0.1 mol · L^{-1} HCl 溶液、0.1 mol · L^{-1} NaOH 溶液和蒸馏水各 5 滴，观察溶液颜色是否变化（与原配制的溶液的颜色比较）。再在已加入 HCl、NaOH 溶液的试管中，分别继续加入过量的 0.1 mol · L^{-1} HCl 溶液和 NaOH 溶液，观察溶液的颜色变化。根据实验现象对缓冲溶液的缓冲能力进行说明。

表 4-36-2　百里酚蓝指示剂的变色范围

pH	<2.8	2.8~8.0	8.0~9.6	>9.6
颜色	红色	黄色	绿色	蓝色

3）盐类水解平衡及其移动

（1）用 pH 试纸检测 pH　具体步骤如下。

①分别检测 0.1 mol · L^{-1} Na_2CO_3、$Al_2(SO_4)_3$、NaCl 溶液的 pH，并以去离子水进行空白实验。写出水解反应的离子方程式。

②用 pH 试纸分别检测 0.1 mol · L^{-1} Na_3PO_4、Na_2HPO_4、NaH_2PO_4 溶液的 pH。解释这些溶液 pH 不同的原因。

（2）浓度、温度、酸度对水解平衡的影响 具体步骤如下。

①在试管中加入少量 $Fe(NO_3)_3$ 晶体，用去离子水溶解后，观察溶液的颜色。然后将其分装在三支试管中：第一支留作比较；向第二支试管中滴加数滴 2 mol · L^{-1} HNO_3 溶液并摇匀；将第三支试管用小火加热。观察溶液颜色的变化并解释原因。

②在试管中加入 1 滴 0.1 mol · L^{-1} $BiCl_3$ 溶液，滴加水稀释，观察白色沉淀的产生。再逐滴加入 2 mol · L^{-1} HCl 溶液至沉淀刚刚消失为止（酸不可加入过多），再加水稀释，观察现象。解释现象原因并写出水解反应方程式。

（3）能水解盐类之间的相互反应 具体步骤如下。

①在试管中加入 5 滴 10% Na_2SiO_3 溶液，再加入 1 mL0.5 mol · L^{-1} NH_4Cl 溶液，摇匀，观察现象。解释并写出反应方程式。

②用 $Al_2(SO_4)_3$（0.1 mol · L^{-1}）、$NaHCO_3$（0.5 mol · L^{-1}）设计一个实验，证明能够相互促进水解的盐类可发生完全水解。

4）沉淀的生成、溶解和转化

①在两支试管中各加入 5 滴 0.1 mol · L^{-1} $Pb(NO_3)_2$ 溶液，然后向两支试管中分别加入 5 滴 1 mol · L^{-1} 和 0.01 mol · L^{-1} 的 KCl 溶液，观察有无白色沉淀生成（不产生沉淀的留待下一实验使用）。

②在上面未产生沉淀的试管中加入 0.01 mol · L^{-1} KI 溶液，观察现象。

对实验①、②的现象进行解释，并写出离子反应方程式。

③设计一组实验，制备 $Mg(OH)_2$ 并证明它能溶于非氧化性稀酸和铵盐溶液，并进行解释。

④用下列试剂，设计一组实验验证沉淀转化的规律：K_2CrO_4 溶液（0.1 mol · L^{-1}）、$AgNO_3$ 溶液（0.1 mol · L^{-1}）、NaCl 溶液（0.1 mol · L^{-1}）、Na_2S 溶液（0.1 mol · L^{-1}）。

【选做实验】

①利用本实验提供的试剂设计一个实验，验证分步沉淀的规律。

②利用本实验提供的试剂设计一个实验，配置 pH 约为 7 的缓冲溶液，要求其对酸、碱的缓冲能力相差不太多，并进行验证。

【思考题】

① Na_2HPO_4、NaH_2PO_4 均属酸式盐，为什么前者的水溶液呈弱酸性，而后者的水溶液却呈弱碱性？

②如何配制 $SnCl_2$、$Bi(NO_3)_3$、$SbCl_3$、Na_2S 溶液？

③根据测得的一元弱酸盐（如 NaOAc）的 pH，如何求算阴离子（如 OAc^-）的水解常数和对应的弱酸（如 HOAc）的电离常数？

④如何通过计算选择同离子效应实验中的指示剂？

附录

附录 1　酸度计

酸度计（又称 pH 计）是一种通过在零电流条件下测量两电极间的电位差来测定溶液 pH 的仪器。酸度计的主体是精密的电位计，除可以测量溶液的 pH 外，配上相应的离子选择电极也可以测量离子电极电势（称为离子计），还可以测量氧化还原电对的电极电势值及配合电磁搅拌进行电位滴定等。

1. 测量原理

实验室常用的酸度计有 pHS-2 型、pHS-2C 型和 pHS-3B 型等各种型号，各型号仪器虽结构有所不同，但基本原理相同。不同类型的酸度计都是由测量电极（指示电极）、参比电极和精密电位计三部分组成的。两个电极插入待测溶液组成电池，参比电极作为标准电极提供标准电极电势，测量电极的电极电势随 H^+ 的活度而改变。因此，当溶液中的 H^+ 活度变化时，电动势就会发生相应变化。

在水溶液酸度的测量中，一般将玻璃电极作为测量电极，将饱和甘汞电极作为参比电极。测定溶液的 pH 时，将玻璃电极和饱和甘汞电极同时浸入待测溶液中组成电池，其电动势为

$$E=\varphi_{正}-\varphi_{负}=\varphi_{甘汞}-\varphi_{玻璃}=\varphi_{甘汞}-\left(\varphi^{\ominus}_{玻璃}+\frac{2.303RT}{zF}\lg a_{H^+}\right)=E^{\ominus}+\frac{2.303RT}{zF}\mathrm{pH}$$

式中：R 为气体常数；T 为热力学温度；F 为法拉第常数；z 为电极反应式中转移的电子数；a_{H^+} 为氢离子活度；$E^{\ominus}$ 为玻璃电极标准电极电位。

25 ℃时，pH 可由式（1-1）计算得出：

$$\mathrm{pH}=\frac{E-E^{\ominus}}{0.059\,2} \tag{1-1}$$

由于存在不对称电位，用玻璃电极测定溶液的 pH 时一般采用比较法。通常使用一个已知 pH 的标准缓冲溶液进行定位，即用酸度计测定其电动势 E，由式（1-1）求常数 $E^{\ominus}$，然后根据待测溶液的 E 值，换算出该溶液的 pH。酸度计已将电动势 E 用 pH 表示，因此可直接从酸度计上读取溶液的 pH。

因为玻璃电极易碎，目前的酸度计多采用 pH 复合电极。pH 复合电极是由玻璃电极和参比电极组合在一起的塑壳可充式电极。玻璃电极头部的球泡由特殊的玻璃薄膜制成，它仅对 H^+ 敏感。当玻璃电极浸入待测溶液内，待测溶液中的 H^+ 与电极球泡表面水化层中的 H^+ 进行离子交换，形成一电位，球泡内层同时也有电位存在。因此，球泡内外产生电位差（膜电位），此电位差随外层待测溶液中 H^+ 活度的变化而改变。由于电极内部溶液的 H^+ 活度不变，所以只要测出此电位差就可知待测溶液的 pH。

2. 使用方法

1）开机

① 将电极旋入插座，调节电极夹到适当位置。安装好电极并用蒸馏水清洗。

②将电源线插入电极插座后按下电源开关，预热 30 min 后进行标定。

③转换开关的使用：当其置于自动位置时，仪器处于自动温度补偿状态，此时手动温度补偿不起作用；当其置于手动位置时，将测温传感器拔去，将“选择”开关置于“℃”挡，调节温度调节旋钮，使数字显示值与待测溶液温度计显示值相同，则手动温度补偿起作用。

2）标定（两点校正法）

①在测量电极插座处拔除短路插头，插上复合电极及测温传感器。

②如不用复合电极，则在测量电极插座处插上电极转换器插头，将玻璃电极插头插入转换器插座处，参比电极插入参比电极接口处。

③将“选择”开关旋钮置于“pH”挡。如需测量溶液温度，将“选择”开关置于“℃”挡。

④把斜率补偿旋钮顺时针旋到底。

⑤将清洗过的电极插入 pH=6.86 的缓冲溶液中。调节定位调节旋钮，使仪器显示读数与该缓冲溶液当时温度下的 pH 一致。

⑥用蒸馏水清洗电极，再插入 pH=4.00（或 pH=9.18）的缓冲溶液中，调节斜率调节旋钮，使仪器显示读数与该缓冲溶液当时温度下的 pH 一致。

⑦重复上述⑤、⑥操作，直至不用再调节斜率调节旋钮为止。注意：经标定后定位调节旋钮及斜率调节旋钮不应再有变动。

3）测量 pH

用蒸馏水清洗电极，再用待测溶液清洗电极，将电极插入待测溶液中，读取溶液的 pH。

4）测量电极电位

把电极转换器插头插入仪器后部的测量电极插座内，把离子选择性电极的插头插入转换器插座内；把甘汞电极插入仪器后部的参比电极接口上。把两电极插入被测溶液中，即可显示电极电位值（mV）。

附录 2　电导仪和电导率仪

电解质溶液的电导或电导率的测量目前多采用电导仪或电导率仪。电导仪和电导率仪的特点是测量范围广，可快速直读及操作方便，如配接自动平衡记录仪还可对电导和电导率进行自动记录。电导仪与电导率仪的基本原理大致相同，下面简述 DDS-11 型电导仪与 DDSJ-308 型、DDS-11A 型电导率仪的构造原理及使用方法。

1. 测量原理

图 2-1 中，稳压器输出一个稳定的直流电压，供给振荡器和放大器。E 为振荡器产生的标准电压；R_x 为电导池的等效电阻；R_m 为标准电阻；由 R_x 和 R_m 串联组成一电阻分压回路，根据欧姆定律，其电流强度为

$$I_x = \frac{E}{R_x + R_m} \tag{2-1}$$

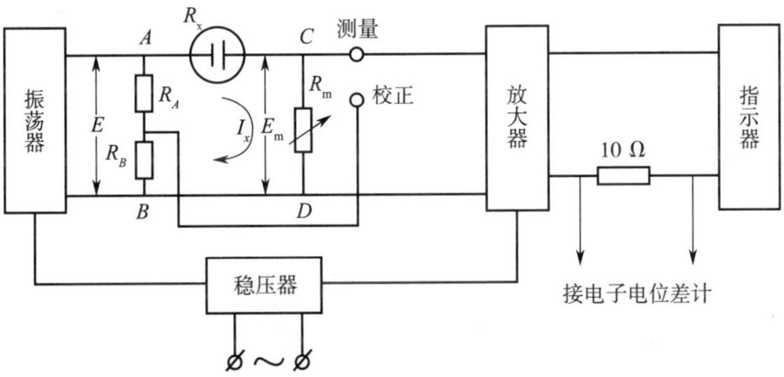

图 2-1　DDS-11 型电导仪测量原理图

因电导池与负载是串联的，故通过负载（标准电阻）R_m 的电流强度也为 I_x，即

$$I_x = \frac{E_m}{R_m} \tag{2-2}$$

式中：E_m 为标准电阻两端的电压降。

将式（2-1）与式（2-2）联解，得

$$E_m = \frac{R_m}{R_m + R_x} E \tag{2-3}$$

式中：R_x 为电导池的等效电阻（即电导池两极间溶液的电阻），其倒数即为电导（$1/R_x=G$）。

令 E、R_m 均为定值，由式（2-3）得

$$E_m = f\left(\frac{1}{R_x}\right) = f(G) \tag{2-4}$$

即 E_m 为 G 的函数。当 G 变化时，E_m 也相应地发生变化，E_m 的信号经放大器线性放大后，由电导仪表头直接指示出来，因此通过测量 E_m 就能测出待测溶液的电导。当测量溶液的电导率时，因电导

$$G = \kappa \times (A/l)$$

故 $$\kappa = G \times (l/A)$$

式中：A 为电极的面积；l 为电极间的距离，对一定的电极为常数。

故式（2-3）可改写为

$$E_m = \frac{R_m}{R_m + \dfrac{l}{\kappa \cdot A}} E \tag{2-5}$$

因为 E、R_m、l、A 均为定值，故 E_m 只是 κ 的函数，即 $E_m=f(\kappa)$。同样，通过测量 E_m 就可相应从指示器读出待测溶液的电导率 κ。DDSJ-308 型和 DDS-11A 型电导率仪测定的原理与 DDS-11 型电导仪测定的原理基本一致。

2. 使用方法

DDSJ-308 型电导率仪是数字显示的测量仪器，它由电子单元和电极系统（包含电导测量电极和温度测量电极）组成，可同时测量水或溶液的电导率及温度。其外形如图 2-2 所示。

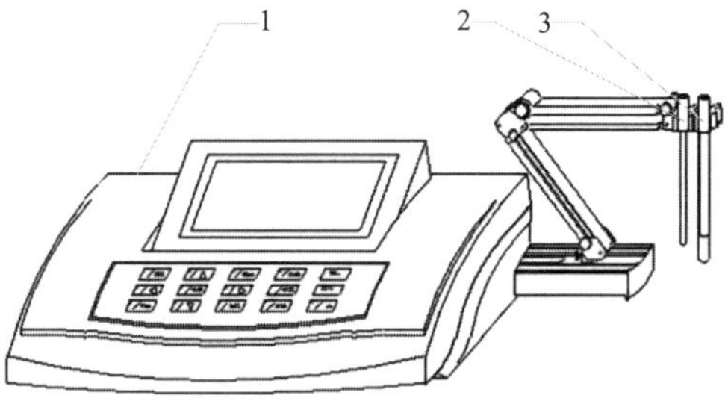

1—电子单元；2—温度测量电极；3—电导测量电极

图 2-2 DDSJ-308 型电导率仪的外形

使用前，由实验室工作人员先对仪器进行校准，主要是对电导常数、常数调节、温度系数进行设置，并对仪器进行校正，使用时这些按钮都不需要再按动。测量时只需将铂黑电极完全浸入测水样中，待数值稳定后即可读数。应注意：①将电极内、外侧用所测水样冲洗 2 次；②水样的高度必须足够浸没电导池极板。

测定时表头显示如图 2-3 所示。右下角“▶”闪烁指向“测量”，表明仪器处于测量状态。右上角“▶”闪烁指向“μS/cm”，表明待测水样的电导率折算为 25 ℃时的数值为“1 000”，其单位为“μS · cm⁻¹”（若指向“mS/cm”，则单位为“mS · cm⁻¹”）。测定时的温度为 24.5 ℃。

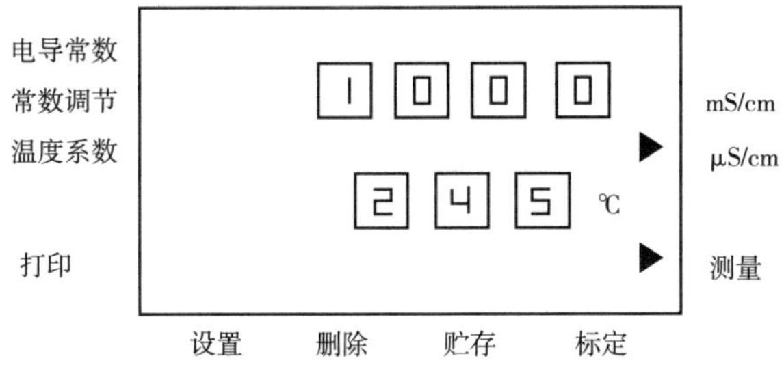

图 2-3　DDSJ-308 型电导率仪测量时的面板图

附录 3　循环水式多用真空泵

循环水式多用真空泵（图 3-1，简称循环泵）是根据实验室面积较小这一特点，参照日本台式泵缩小体积改进而成的。循环泵具有体积小、质量轻、外形美观等特点。双面相同的真空泵既便于教师直观演示，也方便学生在任意一面开机、关机。

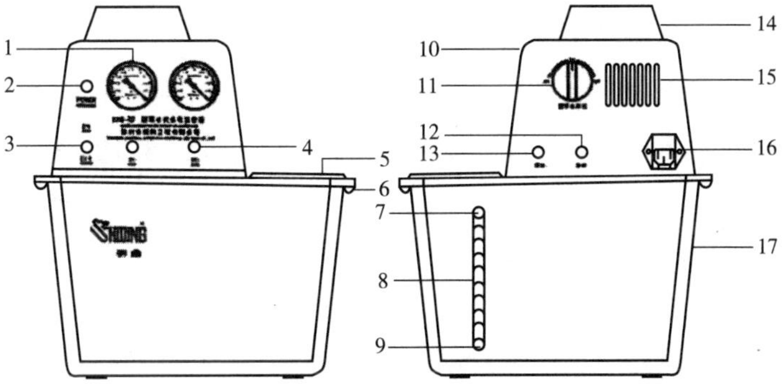

1—真空表；2—电源指示灯；3—电源开关；4—抽气嘴；5—水箱上盖；6—扣手；7—溢流口；
8—放（进）水管；9—放（进）水口；10—上罩；11—循环水开关；12—循环水出口；13—循环水进口；
14—电机风罩；15—散热窗；16—器具输入插座（即电源插座）；17—水箱

图 3-1　循环水式多用真空泵

机体采用双抽头，可单独或并联使用真空表。主机采用不锈钢机芯和防腐材质机芯制造，耐腐蚀、无污染、噪声小、移动方便，还可根据用户需要加装真空调节阀。可同时供四名学生进行化学实验，缩小实验空间。它是以循环水作为工作流体，利用射流产生负压原理而设计的一种多用真空泵。

循环水式多用真空泵的使用方法如下。

①将电源开关 3 置于“ON”位置，连接需要减压的仪器，即执行减压工作。真空表

1 显示负压值。

②将循环水开关 11 置于“ON”位置，循环水式多用真空泵即可为其他设备提供循环水。（注：在外循环管路未可靠接通的情况下，切勿将循环水开关 11 置于“ON”位置！）

③使用完毕，依次分离减压仪器和真空泵，将循环水开关 11 置于“OFF”位置，将电源开关 3 置于“OFF”位置。

附录 4　电子卤素水分测定仪

电子卤素水分测定仪（图 4-1）是采用干燥失重原理，通过加热系统快速加热样品，使样品的水分在最短的时间内完全蒸发，从而在很短的时间内检测出样品的含水率的仪器。检测一般样品通常只需 3 min 左右。电子卤素水分测定仪的工作原理与 GB/T 27506—2011 中的机械称量式烘干法水分测定仪相同，检测结果具有可替代性，仪器采用一键式操作，不仅操作简单，而且避免了人为因素给测量结果带来的误差。

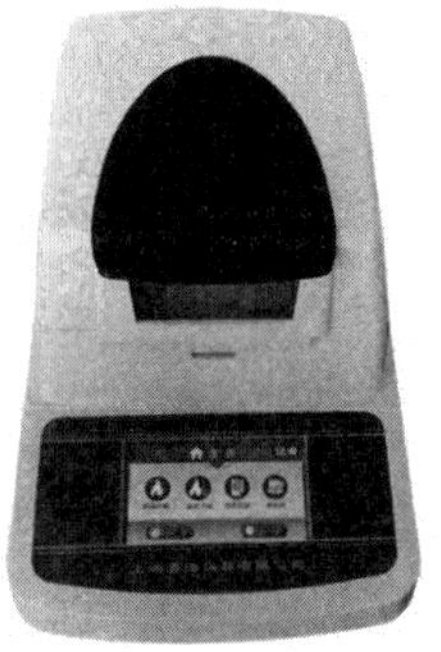

图 4-1　电子卤素水分测定仪

电子卤素水分测定仪的功能及使用方法如下。

1）自动干燥

①在主菜单界面触摸自动干燥键。

②在干燥温度的显示框内设置温度（干燥温度可设置为 60~200 ℃）。

③将空的样品盘放置到位后触摸去皮键，在样品盘内放置 3~10 g 样品。

④合上上盖后，待界面上显示“稳定”的字样后，触摸干燥启动键开始运行。

⑤结束提示音响起后，即可读取数据。

2）定时干燥

①在主菜单界面触摸定时干燥键。

②在干燥温度的显示框内设置温度（干燥温度可设置为 60~200 ℃）。

③在定时的显示框内设置时间（时间可设置为 0~99 min）。

④将空的样品盘放置到位后触摸去皮键，在样品盘内放置 3~10 g 样品。

⑤合上上盖后，待界面上显示“稳定”的字样后，触摸干燥启动键开始运行。

⑥到设定时间后，即可读取数据。

3）显示结果

在测试过程中或测试后触摸比率转换和重量转换可显示 9 种测水分参数：

①样品重量 G；

②干燥重量 g；

③加热时间（单位为 min 或 s）；

④干燥温度；

⑤结束方式；

⑥失水率（即含水量）=（$G-g$）/G；

⑦干燥率 = g/G；

⑧回潮率 =（$G-g$）/g；

⑨湿重率 = G/g。

附录 5　分光光度计

1. 测量原理

分光光度法测定的理论依据是朗伯-比尔定律：当一束平行的单色光通过单一均匀的、非散射的吸光溶液时，溶液的吸光度与溶液浓度和液层厚度的乘积存在正比关系。如果固定比色皿厚度测定有色溶液的吸光度，则溶液的吸光度与浓度之间存在简单的线性关系，可根据相对测量的原理，用标准曲线法进行定量分析。

722S 型分光光度计（图 5-1）是一种新型分光光度法通用仪器，能在波长为 340~1 000 nm 的范围内（波长精度为 ±2 nm）进行透过率、吸光度和浓度直读测定，广泛应用于医学卫生、临床检验、生物化学、石油化工、环保监测、质量控制等部门的定量分析。

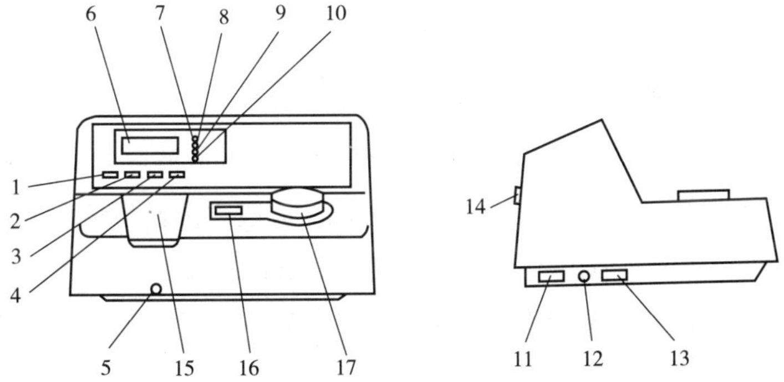

1—100% 键；2—0% 键；3—功能键；4—模式键；5—试样槽架拉杆；
6—显示窗；7—透射比指示灯；8—吸光度指示灯；9—浓度因子指示灯；
10—浓度直读指示灯；11—电源插座；12—熔丝座；13—总开关；14—RS-232C 串行接口插座；
15—样品室；16—波长指示窗；17—波长调节钮

图 5-1　722S 型分光光度计

2. 使用方法

1）预热

仪器开机后灯及电子部分需热平衡，故开机预热 30 min 后才能进行测定工作（紧急应用时请注意随时调零，调 100% 键）。

2）调零

为校正基本读数标尺两端（配合 100% 键调节），进入正确测试状态，在开机预热 30 min 后，打开试样盖（关闭光门），然后按 0% 键，即能自动调零。

3）调整 100% 键

为校正基本读数标尺两端（配合调零），进入正确测试状态，一般在调零前应加按一次 100% 键进行调整，以使仪器内部自动增益到位。调零后，将用作背景的空白样品置入样品室光路中，盖下试样盖（同时打开光门），按下 100% 键即能自动调整透射比为 100%（一次有误差时可加按一次）。注意：调整透射比为 100% 时整机自动增益系统重调可能影响 0% 数值，调整后请检查 0%，如有变化可重调 0% 一次。

4）调整波长

使用仪器上的波长调节钮，可方便地调整仪器当前的测试波长，具体波长由调节钮左侧的波长指示窗显示，读出波长时应垂直观察。

5）改变试样槽的位置使不同样品进入光路

仪器标准配置中试样槽架是四位置的，可用仪器前面的试样槽拉杆改变试样槽的位置。打开样品室盖以便观察样品槽中的样品位置。最靠近测试者的为“0”位置，从近到远依次为“1”“2”“3”位置。拉杆推向最内为“0”位置，向外拉出依次为“1”“2”“3”位置。拉杆到位时有定位感，到位时请前后轻轻推动一下以确保定位正确。

6）确定滤光片的位置

本仪器备有滤光片（用以减少杂散光，提高 340~380 nm 波段的准确性），其位于样品室内部左侧，可用拨杆改变位置。当在 340~380 nm 波段内进行高精度测试时，可将拨杆推向前（见机内印字指示）。通常不使用此滤光片，此时拨杆置于 400~1 000 nm 位置。注意：如在 380~1 000 nm 波段测试时，误将拨杆置于 340~380 nm 波段，则仪器将出现不正常现象。

7）改变标尺

本仪器设有四种标尺：

①TRANS（透射比）：用于透明液体和透明固体的测量；

②ABS（吸光度）：用于采用标准曲线法或绝对吸收法定量分析；

③FACT（浓度因子）：用于在浓度因子法浓度直读时设定浓度因子；

④CONC（ 浓度直读）：用于标样法浓度直读时进行浓度设定和读出。

各标尺间的转换通过按模式键实现，由透射比、吸光度、浓度因子、浓度直读指示灯分别指示，开机初始状态为透射比，每按一次转为下一模式，循环进行。

8）RS-232C 串行数据发送

仪器设有 RS-232C 串行通信接口，可配合串行打印机或计算机使用，本仪器 RS-232C 串行通信接口输出定义及数据格式如下。

①波特率：2 400 bps。

②数据位：8 位。

③停止位：1 。

附录 6　量与法定计量单位（摘录）

量的名称	量的符号	量的定义	单位名称	单位符号
相对原子质量	A_r	元素的平均原子质量与核素 ^{12}C 原子质量 1/12 之比	量纲为 1	1
相对分子质量	M_r	物质的分子或特定单元的平均质量与核素 ^{12}C 原子质量 1/12 之比	量纲为 1	1
分子或其他基本单元数	N	分子或其他基本单元在系统中的数目	量纲为 1	1
物质的量	n	表示含有一定数目粒子的集合体	摩[尔]	mol
摩尔质量	M	质量除以物质的量，即 $M=m/n$	千克每摩[尔]	$kg \cdot mol^{-1}$
摩尔体积	V_m	体积除以物质的量，即 $V_m=V/n$	立方米每摩[尔]	$m^3 \cdot mol^{-1}$
密度、质量密度、体积质量	ρ	质量除以体积，即 $\rho=m/V$	千克每立方米	$kg \cdot m^{-3}$
B 的质量浓度	ρ_B	B 的质量除以混合物的体积，即 $\rho_B=m_B/V$	千克每升	$kg \cdot L^{-1}$
B 的浓度、B 的物质的量浓度	c_B	B 的物质的量除以混合物的体积，即 $c_B=n_B/V$	摩[尔]每立方米	$mol \cdot m^{-3}$
溶质 B 的质量摩尔浓度	b_B，m_B	溶液中溶质 B 的物质的量除以溶剂的质量，即 $b_B=n_B/m$	摩[尔]每千克	$mol \cdot kg^{-1}$

续表

量的名称	量的符号	量的定义	单位名称	单位符号
B 的质量分数	w_B	B 的质量与混合物的质量之比，即 $w_B=m_B/m$	量纲为 1	1
质子数、原子序数	Z	原子核中的质子数目	量纲为 1	1
中子数	N	原子核中的中子数目	量纲为 1	1
核子数、质量数	A	原子核中的核子数目	量纲为 1	1
电荷[量]	Q	电流对时间的积分	库[仑]	C
解离度	α	解离的分子数与分子总数之比	量纲为 1	1
电解质电导率	κ, σ	电流密度除以电场强度 $\kappa=j/E$	西[门子]每米	$S \cdot m^{-1}$
质量热容、比热容	c	热容除以质量	焦[耳]每千克开[尔文]	$J \cdot kg^{-1} \cdot K^{-1}$
热容	C	当一系统由于加给一微小的热量 δQ 而温度升高 dT 时，$\delta Q/dT$ 这个量即是热容	焦[耳]每开[尔文]	$J \cdot K^{-1}$
热导率（导热系数）	λ（κ）	面积热流量除以温度梯度	瓦[特]每米开[尔文]	$W \cdot m^{-1} \cdot K^{-1}$
热量	Q	系统与环境之间因温度不同而交换的能量称为热量，简称热	焦[耳]	J
熵	S	当热力学温度为 T 的系统接受微小热量 δQ 时，如果系统内没有发生不可逆变化，则系统的熵增为 $\delta Q/T$	焦[耳]每开[尔文]	$J \cdot K^{-1}$
焓	H	$H=U+pV$	焦[耳]	J
吉布斯自由能	G	$G=U+pV-TS$	焦[耳]	J

注：摘自《国际单位制及其应用》（GB 3100—1993）、《热学的量和单位》（GB/T 3102.4—1993）、《电学和磁学的量和单位》（GB/T 3102.5—1993）、《物理化学和分子物理学的量和单位》（GB/T 3102.8—1993）、《原子物理学和核物理学的量和单位》（GB/T 3102.9—1993）。

附录 7　实验室中常用酸、碱溶液的浓度

溶液	密度（20 ℃）/（$g \cdot mL^{-1}$）	质量分数/%	物质的量浓度/（$mol \cdot L^{-1}$）
浓硫酸（H_2SO_4）	1.84	98	18
稀硫酸（H_2SO_4）	1.18	25	3
	1.06	9	1

续表

溶液名称	密度（20 ℃）/（g·mL^{-1}）	质量分数/%	物质的量浓度/（mol·L^{-1}）
浓硝酸（HNO_3）	1.42	69	16
稀硝酸（HNO_3）	1.20	33	6
	1.07	12	2
浓盐酸（HCl）	1.19	37	12
稀盐酸（HCl）	1.10	20	6
	1.03	7	2
磷酸（H_3PO_4）	1.70	85	15
浓高氯酸（$HClO_4$）	1.70~1.75	70~72	12
稀高氯酸（$HClO_4$）	1.12	19	2
冰乙酸（HOAc）	1.05	99	17
稀乙酸（HOAc）	1.02	12	2
氢氟酸（HF）	1.13	40	23
浓氨水（$NH_3 \cdot H_2O$）	0.88	28	15
稀氨水（$NH_3 \cdot H_2O$）	0.98	4	2
浓氢氧化钠（NaOH）	1.43	40	14
	1.33	30	13
稀氢氧化钠（NaOH）	1.09	8	2
$Ba(OH)_2$（饱和）	1.00	3.7	0.22
$Ca(OH)_2$（饱和）	1.00	0.17	0.022

附录 8　实验所用试剂的配制方法

试剂	浓度/%	配制方法
硫化钠（Na_2S）	1	称取 240 g $Na_2S \cdot 9H_2O$、40 g NaOH 溶于适量水中，稀释至 1 L，混匀
硫化铵（$(NH_4)_2S$）	3	通 H_2S 于 200 mL 浓 $NH_3 \cdot H_2O$ 中直至饱和，然后加 200 mL 浓 $NH_3 \cdot H_2O$，最后加水稀释至 1 L，混匀
氯化亚锡（$SnCl_2$）	0.25	称取 56.4 g $SnCl_2 \cdot 2H_2O$ 溶于 100 mL 浓 HCl 中，加水稀释至 1 L，在溶液中放几颗纯锡粒
氯化铁（$FeCl_3$）	0.5	称取 135.2 g $FeCl_3 \cdot 6H_2O$ 溶于 100 mL 6 mol·L^{-1} HCl 溶液中，加水稀释至 1 L
三氯化铬（$CrCl_3$）	0.1	称取 26.7 g $CrCl_3 \cdot 6H_2O$ 溶于 30 mL 6 mol·L^{-1} HCl 溶液中，加水稀释至 1 L

续表

试剂	浓度/%	配制方法
硝酸亚汞（$Hg_2(NO_3)_2$）	0.1	称取 56 g $Hg_2(NO_3)_2 \cdot 2H_2O$ 溶于 250 mL 6 mol · L^{-1} HNO_3 溶液中，加水稀释至 1 L，并加入少许金属汞
硝酸铅（$Pb(NO_3)_2$）	0.25	称取 83 g $Pb(NO_3)_2$ 溶于少量水中，加入 15 mL 6 mol · L^{-1} HNO_3 溶液，用水稀释至 1 L
硝酸铋（$Bi(NO_3)_3$）	0.1	称取 48.5 g $Bi(NO_3)_3 \cdot 5H_2O$ 溶于 250 mL 1 mol · L^{-1} HNO_3 溶液中，加水稀释至 1 L
硫酸亚铁（$FeSO_4$）	0.25	称取 69.5 g $FeSO_4 \cdot 7H_2O$ 溶于适量水中，加入 5 mL 18 mol · L^{-1} H_2SO_4，再加水稀释至 1 L，并放入小铁钉数枚
氯水（Cl_2）	—	将 Cl_2 通入水中至饱和（用时临时配制）
溴水（Br_2）	Br_2 的饱和水溶液	在带有良好磨口塞的玻璃瓶内，将市售的 Br_2 约 50 g（6 mL）注入 1 L 水中，在 2 h 内不断剧烈振荡，每次振荡之后微开塞子，使积聚的 Br_2 蒸气放出。在储存瓶底总有过量的溴。将 Br_2 倒入试剂瓶时，剩余的 Br_2 应留于储存瓶中，而不倒入试剂瓶（倾倒 Br_2 或溴水时，应在通风橱中进行，将凡士林涂在手上或戴橡皮手套操作，以防 Br_2 蒸气灼伤）
碘水（I_2）	0.005	将 1.3 g I_2 和 5 g KI 溶解在尽可能少量的水中，待 I_2 完全溶解后（充分搅动）再加水稀释至 1 L
亚硝酰铁氰化钠	3	称取 3 g $Na_2[Fe(CN)_5NO] \cdot 2H_2O$ 溶于 100 mL 水中
淀粉溶液	0.5	称取易溶淀粉 1 g 和 $HgCl_2$ 5 mg（作为防腐剂）置于烧杯中，加水少许调成薄浆，然后倾入 200 mL 沸水中
对氨基苯磺酸	0.34	称取 0.5 g 对氨基苯磺酸溶于 150 mL 2 mol · L^{-1} HOAc 溶液中
奈斯勒试剂	—	称取 115 g HgI_2 和 80 g KI 溶于足量的水中，稀释至 500 mL，然后加入 500 mL 6 mol · L^{-1} NaOH 溶液，静置后取其清液保存于棕色瓶中
α-萘胺	0.12	称取 0.3 g *α*-萘胺，加入 20 mL 水，加热煮沸，在所得溶液中加入 150 mL 2 mol · L^{-1} HOAc 溶液
钼酸铵	—	称取 5 g 钼酸铵溶于 100 mL 水中，加入 35 mL HNO_3 溶液（密度为 1.2 g · mL^{-1}）
硫代乙酰胺	5	称取 5 g 硫代乙酰胺溶于 100 mL 水中
钙指示剂	0.2	称取 0.2 g 钙指示剂溶于 100 mL 水中
镁试剂	0.007	称取 0.001 g 对硝基偶氮间苯二酚溶于 100 mL 2 mol · L^{-1} NaOH 溶液中
铝试剂	1	称取 1 g 铝试剂溶于 1 L 水中

续表

试剂	浓度/%	配制方法
二硫腙	0.01	称取 10 mg 二硫腙溶于 100 mL CCl_4 中
丁二酮肟	1	称取 1 g 丁二酮肟溶于 100 mL 95%乙醇中
乙酸铀酰锌	—	①称取 10 g $UO_2(OAc)_2 \cdot 2H_2O$，量取 6 mL 6 $mol \cdot L^{-1}$ HOAc 溶液，溶于 50 mL 水中； ②称取 30 g $Zn(OAc)_2 \cdot 2H_2O$，量取 3 mL 6 $mol \cdot L^{-1}$ HCl 溶液，溶于 50 mL 水中； 将①、②两种溶液混合，24 h 后取清液使用
二苯碳酰二肼（二苯偕肼）	0.04	称取 0.04 g 二苯碳酰二肼溶于 20 mL 95%乙醇中，边搅拌边加入 80 mL（1∶9）H_2SO_4 溶液（存于冰箱中可用一个月）
六亚硝酸合钴（Ⅲ）钠盐	—	称取 $Na_3[Co(NO_2)_6]$和 NaOAc 各 20 g，溶解于 20 mL 冰乙酸和 80 mL 水的混合溶液中，储存于棕色瓶中备用（久置溶液，颜色由棕变红即失效）
$NH_3 \cdot H_2O$-NH_4Cl 缓冲溶液	—	称取 20 g NH_4Cl 溶于适量水中，加入 100 mL 浓氨水（密度为 0.9 $g \cdot mL^{-1}$），混合后稀释至 1 L，即为 pH=10.0 的缓冲溶液
邻苯二甲酸氢钾-氢氧化钠缓冲溶液	—	量取 0.2 $mol \cdot L^{-1}$ 邻苯二甲酸氢钾溶液 250 mL、0.1 $mol \cdot L^{-1}$ 氢氧化钠溶液 4 mL，混合后稀释至 1 L，即为 pH=4.00 的缓冲溶液

附录 9　常用酸碱指示剂的变色范围

指示剂	pH 变色域	浓度
百里酚蓝	1.2 红~2.8 黄；8.0 黄~9.6 蓝	0.1%的 20%乙醇溶液
二甲基黄	2.9 红~4.0 黄	0.1%的 90%乙醇溶液
甲基橙	3.0 红~4.4 黄	0.05%的水溶液
溴酚蓝	3.0 黄~1.6 蓝紫	0.1%的 20%乙醇溶液或其钠盐的水溶液
溴甲酚绿	3.8 黄绿~5.4 蓝	0.1%水溶液，每 100 mg 指示剂加 0.05 $mol \cdot L^{-1}$ NaOH 溶液 2.9 mL
甲基红	4.5 红~6.2 黄	0.1%的 60%乙醇溶液或其钠盐的水溶液
溴甲酚紫	5.2 黄~6.8 紫	0.1%的 20%乙醇溶液
中性红	6.8 红~8.0 黄	0.1%的 60%乙醇溶液
酚酞	8.0 无色~10.0 红紫色	0.1%的 90%乙醇溶液
百里酚酞	9.3 无色~10.5 红紫色	0.1%的 90%乙醇溶液

附录 10　常见离子的鉴定反应

1. 阳离子

离子	试剂与方法	鉴定反应	介质条件	主要干扰离子
NH_4^+	NaOH	$NH_4^+ + OH^- \xrightarrow{\triangle} NH_3\uparrow + H_2O$ 使湿润的红色石蕊试纸变蓝或 pH 试纸呈碱性反应	强碱性	CN^-: $CN^- + 2H_2O \xrightarrow[\triangle]{OH^-}$ $HCOO^- + NH_3\uparrow$
	奈斯勒试剂（四碘合汞（Ⅱ）酸钾的碱性溶液）	$NH_4^+ + 2[HgI_4]^{2-} + 4OH^- \rightarrow$ $Hg_2NI\downarrow$（棕红色）$+ 7I^- + 4H_2O$	碱性介质	Fe^{3+}、Cr^{3+}、Co^{2+}、Ni^{2+}、Ag^+、Hg^{2+}等能与奈斯勒试剂生成有色沉淀，妨碍NH_4^+的鉴定
Na^+	乙酸铀酰锌	$Na^+ + Zn^{2+} + 3UO_2^{2+} + 9OAc^- + 9H_2O$ $\rightarrow NaZn(UO_2)_3(OAc)_9 \cdot 9H_2O\downarrow$ （淡黄绿色）	中性或乙酸溶液	大量K^+存在有干扰（生成 $KOAc \cdot UO_2 \cdot (OAc)_2$ 针状结晶），Ag^+、Hg_2^{2+}、Sb^{3+}存在也有干扰
	焰色反应	挥发性钠盐在煤气灯的无色火焰（氧化焰）中灼烧时，火焰呈黄色	—	—
K^+	$Na_3[Co(NO_2)_6]$	$2K^+ + Na^+ + [Co(NO_2)_6]^{3-} \rightarrow$ $K_2Na[Co(NO_2)_6]\downarrow$（亮黄色）	中性或弱酸性介质	Rb^+、Cs^+、NH_4^+能与试剂形成相似的化合物，妨碍鉴定
	焰色反应	挥发性钾盐在煤气灯的无色火焰（氧化焰）中灼烧时，火焰呈紫色	—	Na^+存在时，K^+所显示的紫色会被Na^+显示的黄色遮盖，可透过蓝色玻璃观察
Mg^{2+}	镁试剂	镁试剂被氢氧化镁吸附后呈天蓝色沉淀	强碱性介质	①除碱金属外，在强碱性介质中能形成有色沉淀的离子（如Ag^+、Hg^{2+}、Ni^{2+}、Co^{2+}、Cr^{3+}、Cu^{2+}、Mn^{2+}、Fe^{3+}等）对反应均有干扰； ②大量NH_4^+存在会降低OH^-的浓度，从而降低Mg^{2+}鉴定反应的灵敏度
Ba^{2+}	K_2CrO_4	$Ba^{2+} + CrO_4^{2-} \rightarrow BaCrO_4\downarrow$（黄色） （不溶于 HOAc）	中性或弱酸性介质	Pb^{2+}、Ag^+、Hg^{2+}等与CrO_4^{2-}能生成有色沉淀，影响Ba^{2+}的检出，Pb^{2+}、Ag^+、Hg^{2+}可加 Zn 粉还原除去
	焰色反应	挥发性钡盐使火焰呈黄绿色	—	—

续表

离子	试剂与方法	鉴定反应	介质条件	主要干扰离子
Ca^{2+}	$(NH_4)_2C_2O_4$	$Ca^{2+}+C_2O_4^{2-} \rightarrow CaC_2O_4\downarrow$（白色）（溶于强酸，不溶于 HOAc）	中性或弱酸性介质	Ag^+、Pb^{2+}、Cd^{2+}、Hg_2^{2+}、Hg^{2+}等金属离子均能与$C_2O_4^{2-}$作用生成沉淀，对反应有干扰，可在氨性试液中加入 Zn 粉，将它们还原除去
	焰色反应	挥发性钙盐使火焰呈砖红色	—	—
Al^{3+}	铝试剂	Al^{3+} +铝试剂 $\xrightarrow{\triangle}$ 红色絮状沉淀（加热方式：水浴）	pH=4~5	Fe^{3+}、Cr^{3+}、Ca^{2+}、Pb^{2+}、Cu^{2+}等也能生成类似的红色沉淀而有干扰
Sb^{3+}	Sn 片	$2Sb^{3+}+3Sn \rightarrow 2Sb\downarrow$（黑色）$+3Sn^{2+}$	酸性介质	Ag^+、Hg^{2+}、AsO_2^-、Bi^{3+}等也能与 Sn 发生氧化还原反应，析出黑色金属，妨碍 Sb^{3+}的鉴定
Bi^{3+}	$Na_2[Sn(OH)_4]$	$2Bi^{3+}+3[Sn(OH)_4]^{2-}+6OH^- \rightarrow 2Bi\downarrow$（黑色）$+3[Sn(OH)_6]^{2-}$ 注意：试剂必须临时配制	强碱性介质	Ag^+、Hg^{2+}、Pb^{2+}存在时，也会慢慢地被$[Sn(OH)_4]^{2-}$还原而析出黑色金属，干扰 Bi^{3+}的鉴定
Sn^{2+}	$HgCl_2$	$Sn^{2+}+2HgCl_2+4Cl^- \rightarrow$ $Hg_2Cl_2\downarrow$（白色）$+[SnCl_6]^{2-}$ $Sn^{2+}+Hg_2Cl_2+4Cl^- \rightarrow$ $2Hg\downarrow$（黑色）$+[SnCl_6]^{2-}$	酸性介质	—
Pb^{2+}	K_2CrO_4	$Pb^{2+}+CrO_4^{2-} \rightarrow PbCrO_4\downarrow$（黄色） （可溶于 NaOH 溶液和浓 HNO_3，难溶于稀 HNO_3 和 HOAc，不溶于 $NH_3 \cdot H_2O$）	中性或弱酸性介质	Ba^{2+}、Ag^+、Hg^{2+}等与CrO_4^{2-}作用生成有色沉淀，从而影响 Pb^{2+}的检出
Cr^{3+}（或 CrO_4^{2-}）	用 H_2O_2 氧化后加可溶性铅盐（或银盐或钡盐）	$Cr^{3+}+4OH^- \rightarrow [Cr(OH)_4]^-$ $2[Cr(OH)_4]^-+3H_2O_2+2OH^- \rightarrow$ $2CrO_4^{2-}+8H_2O$	碱性介质	凡可与CrO_4^{2-}生成有色沉淀的金属离子均有干扰
		①$CrO_4^{2-}+Pb^{2+} \rightarrow PbCrO_4\downarrow$（黄色） ②$CrO_4^{2-}+2Ag^+ \rightarrow Ag_2CrO_4\downarrow$（砖红色） ③$CrO_4^{2-}+Ba^{2+} \rightarrow BaCrO_4\downarrow$（黄色）	用 HOAc 酸化成弱酸性介质	
	在 NaOH 溶液中用 H_2O_2 氧化后再酸化并用戊醇（或乙醚）萃取	$Cr^{3+}+4OH^- \rightarrow [Cr(OH)_4]^-$ $2[Cr(OH)_4]^-+3H_2O_2+2OH^- \rightarrow$ $2CrO_4^{2-}+8H_2O$	碱性介质	—
		$CrO_4^{2-}+2H^+ \rightarrow Cr_2O_7^{2-}+H_2O$ $Cr_2O_7^{2-}+4H_2O_2+2H^+ \rightarrow$ $5H_2O+2CrO_5$（蓝色） （反应要求在较低温度下进行，CrO_5在酸性溶液中易分解： $4CrO_5+12H^+ \rightarrow 4Cr^{3+}+7O_2+6H_2O$）	酸性介质	—

续表

离子	试剂与方法	鉴定反应	介质条件	主要干扰离子
Mn^{2+}	$NaBiO_3$	$2Mn^{2+}+5NaBiO_3+14H^+ \rightarrow$ $2MnO_4^-$（紫红色）$+5Na^++5Bi^{3+}+7H_2O$	HNO_3 或 H_2SO_4 介质	Cr^{3+}浓度大时稍有干扰
Fe^{2+}	$K_3[Fe(CN)_6]$	$K^++Fe^{2+}+[Fe(CN)_6]^{3-} \rightarrow$ $KFe[Fe(CN)_6]\downarrow$（深蓝色）	酸性介质	—
Fe^{3+}	$K_4[Fe(CN)_6]$	$K^++Fe^{3+}+[Fe(CN)_6]^{4-} \rightarrow$ $KFe[Fe(CN)_6]\downarrow$（深蓝色）	酸性介质	—
	NH_4SCN	$Fe^{3+}+SCN^- \rightarrow [Fe(NCS)]^{2+}$（血红色）	酸性介质	氟化物、磷酸、草酸、酒石酸、柠檬酸，含有 α-OH 或 β-OH 的有机酸能与 Fe^{3+}生成稳定的配合物，妨碍 Fe^{3+}的检出；大量 Cu^{2+}存在能与 SCN^-生成黑绿色的 $Cu(SCN)_2$ 沉淀，干扰 Fe^{3+}的检出
Co^{2+}	NH_4SCN（饱和溶液或固体），并用丙酮或戊醇萃取	$Co^{2+}+4SCN^- \rightarrow [Co(NCS)_4]^{2-}$（蓝色）	酸性介质	Fe^{3+}干扰 Co^{2+}的检出，可用 NH_4F 或 NaF 掩蔽 Fe^{3+}
Ni^{2+}	丁二酮肟	Ni^{2+}能与丁二酮肟生成鲜红色的螯合物沉淀 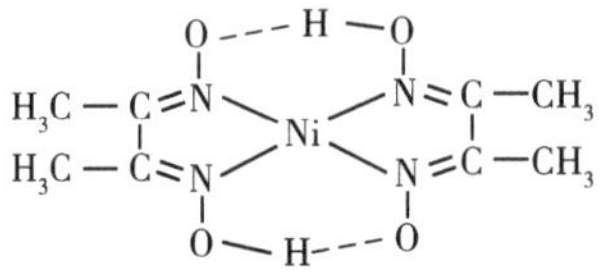	在氨性或乙酸钠溶液中进行，pH=5~10 较为合适	Co^{2+}、Fe^{2+}、Bi^{3+}分别与本试剂反应生成棕色、红色可溶物和黄色沉淀，Fe^{3+}、Cr^{3+}、Cu^{2+}、Mn^{2+}与氨水生成有色沉淀或可溶物，均干扰 Ni^{2+}的检出
Cu^{2+}	$K_4[Fe(CN)_6]$	$2Cu^{2+}+[Fe(CN)_6]^{4-} \rightarrow$ $Cu_2[Fe(CN)_6]\downarrow$（红褐色）	中性或酸性介质	Fe^{3+}干扰 Cu^{2+}的检出
Ag^+	盐酸	$Ag^++Cl^- \rightarrow AgCl\downarrow$（白色） 沉淀溶于过量氨水，用 HNO_3 酸化后沉淀又重新析出： $AgCl+2NH_3\cdot H_2O \rightarrow$ $[Ag(NH_3)_2]^++Cl^-+2H_2O$ $[Ag(NH_3)_2]^++Cl^-+2H^+ \rightarrow$ $2NH_4^++AgCl\downarrow$	酸性介质	Pb^{2+}、Hg_2^{2+}（与 Cl^-形成 $PbCl_2$、Hg_2Cl_2 白色沉淀）干扰 Ag^+的鉴定，但 $PbCl_2$、Hg_2Cl_2 难溶于氨水，可与 AgCl 分离
	K_2CrO_4	$CrO_4^{2-}+2Ag^+ \rightarrow Ag_2CrO_4\downarrow$（砖红色）	中性或微酸性介质	Pb^{2+}、Hg^{2+}、Ba^{2+}有干扰（生成有色沉淀）

续表

离子	试剂与方法	鉴定反应	介质条件	主要干扰离子
Zn^{2+}	$(NH_4)_2S$	$Zn^{2+} + S^{2-} \rightarrow ZnS\downarrow$（白色）	$c(H^+)<$ 0.3 mol · L^{-1}	凡能与 S^{2-}生成有色硫化物的金属离子均有干扰
	二硫腙	加入二硫腙，振荡后水层呈粉红色	强碱性	在中性或弱酸性条件下，许多重金属离子都能与二硫腙生成有色的配合物，因而应注意鉴定的介质条件
Cd^{2+}	H_2S 或 Na_2S	$Cd^{2+} + H_2S \rightarrow CdS\downarrow$（黄色）$+2H^+$	碱性介质	凡能与 S^{2-}生成有色硫化物沉淀的金属离子均有干扰
Hg^{2+}	$SnCl_2$	见 Sn^{2+}的鉴定	酸性介质	—
	KI 和 $NH_3 \cdot H_2O$	①加入过量 KI： $Hg^{2+} + 2I^- \rightarrow HgI_2\downarrow$（橘红色） $HgI_2 + 2I^- \rightarrow [HgI_4]^{2-}$ ②加入 $NH_3 \cdot H_2O$ 或铵盐溶液并加入浓碱溶液，则生成棕红色沉淀： $NH_4^+ +2[HgI_4]^{2-}+4OH^- \rightarrow$ $Hg_2NI\downarrow$（棕红色）$+7I^- + 4H_2O$	中性或弱酸性介质	凡能与 I^-、OH^-生成深色沉淀的金属离子均有干扰

2. 阴离子

离子	试剂与方法	鉴定反应	介质条件	主要干扰离子
Cl^-	$AgNO_3$	$Cl^- +Ag^+ \rightarrow AgCl\downarrow$（白色） AgCl 溶于过量氨水或 $(NH_4)_2CO_3$ 溶液，用 HNO_3 酸化后沉淀重新析出	酸性介质	Ag^+与 SCN^-也能生成白色的 AgSCN 沉淀，但它不溶于 $NH_3 \cdot H_2O$
Br^-	氯水和 CCl_4（或苯）	$2Br^- +Cl_2 \rightarrow Br_2 +2Cl^-$ 析出的溴溶于 CCl_4（或苯）溶剂中呈橙黄色或橙红色	中性或酸性介质	—
I^-	氯水和 CCl_4（或苯）	$2I^- +Cl_2 \rightarrow I_2 +2Cl^-$ 析出的碘溶于 CCl_4（或苯）溶剂中呈紫红色	中性或酸性介质	—
CO_3^{2-}	稀盐酸（稀硫酸）	$CO_3^{2-} +2H^+ \rightarrow CO_2\uparrow +H_2O$ CO_2 气体使饱和 $Ba(OH)_2$ 溶液变浑浊 $CO_2 +2OH^- +Ba^{2+} \rightarrow$ $BaCO_3\downarrow$（白色）$+H_2O$	酸性介质	SO_3^{2-}、$S_2O_3^{2-}$与 H^+反应后产生 SO_2，也能使饱和 $Ba(OH)_2$ 溶液变浑浊，应在加酸前加 H_2O_2 或 $KMnO_4$ 使 SO_3^{2-}和 $S_2O_3^{2-}$氧化成 SO_4^{2-}除去

续表

离子	试剂与方法	鉴定反应	介质条件	主要干扰离子
SO_4^{2-}	$BaCl_2$	$SO_4^{2-}+Ba^{2+} \rightarrow BaSO_4 \downarrow$（白色）（不溶于 HCl 或 HNO_3）	酸性介质	CO_3^{2-}、SO_3^{2-}的干扰可加酸排除
SO_3^{2-}	稀盐酸	$SO_3^{2-} + 2H^+ \rightarrow SO_2 \uparrow + H_2O$ SO_2 的检验： ① SO_2 可使 $KMnO_4$ 溶液褪色； ② SO_2 可将 I_2 还原为 I^-，使淀粉-I_2 溶液褪色； ③ SO_2 可使品红溶液褪色。因此，可用蘸有 $KMnO_4$ 溶液、淀粉-I_2 溶液、或品红溶液的试纸检验	酸性介质	$S_2O_3^{2-}$、S^{2-}对 SO_3^{2-}的鉴定有干扰
	$Na_2[Fe(CN)_5NO]$、$ZnSO_4$ 和 $K_4[Fe(CN)_6]$	生成红色沉淀	中性介质	$Na_2[Fe(CN)_5NO]$ 可与 S^{2-}生成紫红色配合物，故 S^{2-}会干扰 SO_3^{2-}的鉴定。可用 $PbCO_3$ 将 S^{2-}转化为 PbS 除去
$S_2O_3^{2-}$	稀盐酸	$S_2O_3^{2-}+2H^+ \rightarrow SO_2 \uparrow +S \downarrow + H_2O$ 反应中有硫析出，使溶液变浑浊	酸性介质	SO_3^{2-}、S^{2-}同时存在时，干扰 $S_2O_3^{2-}$的鉴定
	$AgNO_3$	$2Ag^+ + S_2O_3^{2-} \rightarrow Ag_2S_2O_3 \downarrow$（白色） $Ag_2S_2O_3$ 沉淀不稳定，生成后立即发生水解反应，并且伴随明显的颜色变化（白→黄→棕），最后变成黑色的 Ag_2S： $Ag_2S_2O_3 + H_2O \rightarrow$ $Ag_2S \downarrow$（黑色）$+ 2H^+ + SO_4^{2-}$	中性介质	S^{2-}与 Ag^+形成黑色 Ag_2S 从而干扰鉴定，可用 $PbCO_3$ 使 S^{2-}转化为 PbS 除去
S^{2-}	稀盐酸	$S^{2-} + 2H^+ \rightarrow H_2S \uparrow$ H_2S 气体可使蘸有 $Pb(NO_3)_2$ 或 $Pb(OAc)_2$溶液的试纸变黑	酸性介质	SO_3^{2-}、$S_2O_3^{2-}$有干扰
	$Na_2[Fe(CN)_5NO]$	$S^{2-} + [Fe(CN)_5NO]^{2-} \rightarrow$ $[Fe(CN)_5NOS]^{4-}$（紫红色）	碱性介质	—
SiO_3^{2-}	NH_4Cl（饱和溶液）	$SiO_3^{2-} + 2NH_4^+ \rightarrow H_2SiO_3 \downarrow$（白色胶状）$+2NH_3 \uparrow$	碱性介质	—

续表

离子	试剂与方法	鉴定反应	介质条件	主要干扰离子
NO_2^-	对氨基苯磺酸 α-萘胺	溶液呈红色	中性或乙酸介质	$KMnO_4$等强氧化剂有干扰
NO_3^-	$FeSO_4$和浓硫酸	$NO_3^- + 3Fe^{2+} + 4H^+ \rightarrow$ $3Fe^{3+} + NO\uparrow + 2H_2O$ $Fe^{2+} + NO \rightarrow [FeNO]^{2+}$（棕色） 在混合液与浓硫酸分层处形成棕色环	酸性介质	NO_2有同样的反应，妨碍鉴定，可加稀硫酸并加热除去
PO_4^{3-}	$AgNO_3$	$3Ag^+ + PO_4^{3-} \rightarrow Ag_3PO_4\downarrow$（黄色）	中性或弱酸性介质	CrO_4^{2-}、S^{2-}、AsO_4^{3-}、AsO_3^{3-}、I^-、$S_2O_3^{2-}$等能与Ag^+生成有色沉淀，妨碍鉴定
	$(NH_4)_2MoO_4$ （过量）	$PO_4^{3-} + 3NH_4^+ + 12MoO_4^{2-} + 24H^+$ $\rightarrow (NH_4)_3PO_4 \cdot 12MoO_3 \cdot$ $6H_2O\downarrow$（黄色）$+ 6H_2O$ ①无干扰离子时不必加HNO_3； ②磷钼酸铵能溶于过量磷酸盐溶液生成配合物，因此需要加入过量钼酸铵试剂	酸性介质	① SO_3^{2-}、$S_2O_3^{2-}$、S^{2-}、I^-、Sn^{2+}等还原性离子易将钼酸铵还原为低价钼的化合物——钼蓝，严重干扰PO_4^{3-}的检出； ②SiO_3^{2-}、AsO_4^{3-}也能与钼酸铵试剂形成相似的黄色沉淀，妨碍鉴定； ③大量Cl^-存在时，Cl^-可与Mo（Ⅵ）形成配合物而降低反应的灵敏度
F^-	硫酸	$CaF_2 + H_2SO_4 \rightarrow 2HF\uparrow + CaSO_4$ HF与硅酸盐或SiO_2作用，生成SiF_4气体。当SiF_4与水作用时，立即转化为不溶于水的硅酸沉淀而使水变浑浊： $SiO_2 + 4HF \rightarrow SiF_4 + 2H_2O$ $SiF_4 + 4H_2O \rightarrow H_4SiO_4\downarrow + 4HF$ 用上述方法鉴定溶液中的F^-时，应先将溶液蒸发至干或在乙酸存在下用$CaCl_2$沉淀F^-，将CaF_2离心分离后，小心烘干，然后进行实验	酸性介质	—

附录 11　常见离子和化合物的颜色

1. 离子

元素	物质	颜色	元素	物质	颜色
Ti	$[Ti(H_2O)_6]^{3+}$	紫色	Fe	$[Fe(NCS)_n]^{3-n}$ ($n \leqslant 6$)	血红色
	$[TiO(H_2O_2)]^{2+}$	橙色		$[Fe(CN)_6]^{4-}$	黄色
	TiO^{2+}	无色		$[Fe(CN)_6]^{3-}$	红棕色
V	$[V(H_2O)_6]^{2+}$	蓝紫色		$[FeCl_6]^{3-}$	黄色
	$[V(H_2O)_6]^{3+}$	绿色		$[FeF_6]^{3-}$	无色
	VO^{2+}	蓝色		$[Fe(C_2O_4)_3]^{3-}$	黄色
	VO_2^+	黄色	Co	$[Co(H_2O)_6]^{2+}$	粉红色
Cr	$[Cr(H_2O)_6]^{2+}$	天蓝色		$[Co(NH_3)_6]^{2+}$	土黄色
	$[Cr(H_2O)_6]^{3+}$	蓝紫色		$[Co(NH_3)_6]^{3+}$	红棕色
	$[Cr(NH_3)_6]^{3+}$	黄色		$[Co(NCS)_4]^{2-}$	蓝色
	$[CrCl(H_2O)_5]^{2+}$	蓝绿色	Ni	$[Ni(H_2O)_6]^{2+}$	亮绿色
	$[CrCl_2(H_2O)_4]^+$	绿色		$[Ni(NH_3)_6]^{2+}$	蓝色
	$[Cr(OH)_4]^-$	亮绿色		$[Ni(NH_3)_6]^{3+}$	蓝紫色
	CrO_4^{2-}	黄色	Cu	$[Cu(H_2O)_4]^{2+}$	蓝色
	$Cr_2O_7^{2-}$	橙色		$[Cu(NH_3)_4]^{2+}$	深蓝色
Mn	$[Mn(H_2O)_6]^{2+}$	粉肉色		$[Cu(OH)_4]^{2-}$	亮蓝色
	MnO_4^{2-}	绿色		$[CuCl_2]^-$	无色
	MnO_4^-	紫红色		$[Cu(NH_3)_2]^+$	无色
Fe	$[Fe(H_2O)_6]^{2+}$	浅绿色		$[CuCl_4]^{2-}$	黄色
	$[Fe(H_2O)_6]^{3+}$	淡紫色①	I	I_3^-	浅棕黄色

注：溶液中因为水解生成$[Fe(H_2O)_5(OH)]^{2+}$而呈棕黄色，未水解的 $FeCl_3$ 溶液因为生成 $FeCl_4^-$ 也会呈棕黄色。

2. 化合物

类型	物质	颜色	类型	物质	颜色
氧化物	PbO_2	棕黑色	氢氧化物	$Sn(OH)_4$	白色
	Pb_3O_4	红色		$Pb(OH)_2$	白色
	Pb_2O_3	橙色		$Sb(OH)_3$	白色
	Sb_2O_3	白色		$Bi(OH)_3$	白色
	Bi_2O_3	黄色		$BiO(OH)$	灰黄色
	TiO_2	白色		$Cr(OH)_3$	灰绿色
	V_2O_5	橙色或黄色		$Mn(OH)_2$	白色
	VO_2	深蓝色		$MnO(OH)_2$	棕黑色
	V_2O_3	黑色		$Fe(OH)_2$	白色
	VO	黑色		$Fe(OH)_3$	红棕色
	Fe_2O_3	棕红色		$Co(OH)_2$	粉红色
	Fe_3O_4	黑色		$CoO(OH)$	褐色
	FeO	黑色		$Ni(OH)_2$	绿色
	CoO	灰绿色		$Cu(OH)_2$	浅蓝色
	Co_2O_3	黑色		CuOH	黄色
	NiO	暗绿色		$Zn(OH)_2$	白色
	Ni_2O_3	黑色		$Cd(OH)_2$	白色
	CuO	黑色	氯化物	$Sn(OH)Cl$	白色
	Cu_2O	暗红色		$PbCl_2$	白色
	Ag_2O	褐色		SbOCl	白色
	ZnO	白色		BiOCl	白色
	CdO	棕黄色		$TiCl_3 \cdot 6H_2O$	紫色或绿色
	Hg_2O	黑色		$CrCl_3 \cdot 6H_2O$	绿色
	HgO	红色或黄色		$FeCl_3 \cdot 6H_2O$	棕黄色
	Cr_2O_3	绿色		$CoCl_2$	蓝色
	CrO_3	橙红色		$CoCl_2 \cdot H_2O$	蓝紫色
	MoO_2	紫色		$CoCl_2 \cdot 2H_2O$	紫红色
	WO_2	棕红色		$CoCl_2 \cdot 6H_2O$	粉红色
	MnO_2	棕色		$Co(OH)Cl$	蓝色
氢氧化物	$Mg(OH)_2$	白色		CuCl	白色
	$Al(OH)_3$	白色		AgCl	白色
	$Sn(OH)_2$	白色		Hg_2Cl_2	白色

续表

类型	物质	颜色	类型	物质	颜色
氯化物	$Hg(NH_2)Cl$	白色	硫化物	HgS	红色或黑色
溴化物	$PbBr_2$	白色	硫酸盐	$CaSO_4$	白色
	$AgBr$	淡黄色		$SrSO_4$	白色
碘化物	PbI_2	黄色		$BaSO_4$	白色
	SbI_3	黄色		$PbSO_4$	白色
	BiI_3	褐色		$Cr_2(SO_4)_3$	桃红色
	CuI	白色		$Cr_2(SO_4)_3 \cdot 18H_2O$	紫色
	AgI	黄色		$Cr_2(SO_4)_3 \cdot 6H_2O$	绿色
	Hg_2I_2	黄绿色		$[Fe(NO)]SO_4$	深棕色
	HgI_2	红色		$(NH_4)_2Fe(SO_4)_2 \cdot 6H_2O$	浅绿色
硫化物	SnS	褐色		$NH_4Fe(SO_4)_2 \cdot 12H_2O$	浅紫色
	SnS_2	黄色		$CoSO_4 \cdot 7H_2O$	红色
	PbS	黑色		$Cu_2(OH)_2SO_4$	浅蓝色
	As_2S_3	黄色		$CuSO_4 \cdot 5H_2O$	蓝色
	As_2S_5	黄色		Ag_2SO_4	白色
	Sb_2S_3	橙色		Hg_2SO_4	白色
	Sb_2S_5	橙色		$HgSO_4 \cdot HgO$	黄色
	Bi_2S_3	黑色	碳酸盐	$CaCO_3$	白色
	Bi_2S_5	黑褐色		$Mg_2(OH)_2CO_3$	白色
	MnS	肉色		$SrCO_3$	白色
	FeS	黑色		$BaCO_3$	白色
	Fe_2S_3	黑色		$Pb_2(OH)_2CO_3$	白色
	CoS	黑色		$Bi(OH)CO_3$	白色
	NiS	黑色		$MnCO_3$	白色
	Cu_2S	黑色		$FeCO_3$	白色
	CuS	黑色		$CdCO_3$	白色
	Ag_2S	黑色		$Co_2(OH)_2CO_3$	红色
	ZnS	白色		$Ni_2(OH)_2CO_3$	浅绿色
	CdS	黄色		$Cu_2(OH)_2CO_3$	蓝色

续表

类型	物质	颜色	类型	物质	颜色
碳酸盐	$Zn_2(OH)_2CO_3$	白色	草酸盐	BaC_2O_4	白色
	$Cd_2(OH)_2CO_3$	白色		PbC_2O_4	白色
	$Hg_2(OH)_2CO_3$	红褐色		FeC_2O_4	浅黄色
	Ag_2CO_3	白色		$Ag_2C_2O_4$	白色
	Hg_2CO_3	浅黄色	拟卤化物	CuCN	白色
磷酸盐	$Ca_3(PO_4)_2$	白色		$Cu(CN)_2$	黄色
	$CaHPO_4$	白色		$Ni(CN)_2$	浅绿色
	$BaHPO_4$	白色		AgCN	白色
	$MgNH_4PO_4$	白色		AgSCN	白色
	$FePO_4$	浅黄色		$Cu(SCN)_2$	黑绿色
	Ag_3PO_4	黄色	其他含氧酸盐	$BaSO_3$	白色
硅酸盐	$BaSiO_3$	白色		BaS_2O_3	白色
	$MnSiO_3$	肉色		$NaBiO_3$	浅黄色
	$Fe_2(SiO_3)_3$	棕红色		$Ag_2S_2O_3$	白色
	$CoSiO_3$	紫色	其他化合物	$Mn_2[Fe(CN)_6]$	白色
	$NiSiO_3$	翠绿色		$KFe[Fe(CN)_6]$	深蓝色
	$CuSiO_3$	蓝色		$Co_2[Fe(CN)_6]$	绿色
	$ZnSiO_3$	白色		$Ni_2[Fe(CN)_6]$	浅绿色
	Ag_2SiO_3	黄色		$Zn_2[Fe(CN)_6]$	白色
铬酸盐	$CaCrO_4$	黄色		$Cu_2[Fe(CN)_6]$	棕红色
	$SrCrO_4$	浅黄色		$Ag_4[Fe(CN)_6]$	白色
	$BaCrO_4$	黄色		$K_2Ba[Fe(CN)_6]$	白色
	$PbCrO_4$	黄色		$Pb_2[Fe(CN)_6]$	白色
	Ag_2CrO_4	砖红色		$Cd_2[Fe(CN)_6]$	白色
	Hg_2CrO_4	棕色		$(NH_4)_3PO_4 \cdot 12MoO_3 \cdot 6H_2O$	黄色
	$CdCrO_4$	黄色		HgNI	棕红色
	$HgCrO_4$	红色		二丁二酮肟合镍（Ⅱ）	鲜红色
草酸盐	CaC_2O_4	白色			

附录 12　不同温度下水的饱和蒸气压

单位：Pa

温度/℃	+0.0	+0.2	+0.4	+0.6	+0.8
0	601.5	619.5	628.6	637.9	647.3
1	656.8	666.3	675.9	685.8	695.8
2	705.8	715.9	726.2	736.6	747.3
3	757.9	768.7	779.7	790.7	801.9
4	813.4	824.9	836.5	848.3	860.3
5	872.3	884.6	897.0	909.5	922.2
6	935.0	948.1	961.1	974.5	988.1
7	1 001.7	1 015.5	1 029.5	1 043.6	1 058.0
8	1 072.6	1 087.2	1 102.2	1 117.2	1 132.4
9	1 147.8	1 163.5	1 179.2	1 195.2	1 211.4
10	1 227.8	1 244.3	1 261.0	1 277.9	1 295.1
11	1 312.4	1 330.0	1 347.8	1 365.8	1 383.9
12	1 402.3	1 421.0	1 439.7	1 458.7	1 477.6
13	1 497.3	1 517.1	1 536.9	1 557.2	1 577.6
14	1 598.1	1 619.1	1 640.1	1 661.5	1 683.1
15	1 704.9	1 726.9	1 749.3	1 771.9	1 794.7
16	1 817.7	1 841.1	1 864.8	1 888.6	1 912.8
17	1 937.2	1 961.8	1 986.9	2 012.1	2 037.7
18	2 063.4	2 089.6	2 116.0	2 142.6	2 169.4
19	2 196.8	2 224.5	2 252.3	2 280.5	2 309.0
20	2 337.8	2 366.9	2 396.3	2 426.1	2 456.1
21	2 486.5	2 517.1	2 550.5	2 579.7	2 611.4
22	2 643.4	2 675.8	2 708.6	2 741.8	2 775.1
23	2 808.8	2 843.8	2 877.5	2 913.6	2 947.8
24	2 983.4	3 019.5	3 056.0	3 092.8	3 129.9
25	3 167.2	3 204.9	3 243.2	3 282.0	3 321.3
26	3 360.9	3 400.9	3 441.3	3 482.0	3 523.2
27	3 564.9	3 607.0	3 646.0	3 692.5	3 735.8
28	3 779.6	3 823.7	3 858.3	3 913.5	3 959.3

续表

温度/℃	+0.0	+0.2	+0.4	+0.6	+0.8
29	4 005.4	4 051.9	4 099.0	4 146.6	4 194.5
30	4 242.9	4 286.1	4 314.1	4 390.3	4 441.2
31	4 492.3	4 543.9	4 595.8	4 648.2	4 701.0
32	4 754.7	4 808.9	4 863.2	4 918.4	4 974.0
33	5 030.1	5 086.9	5 144.1	5 202.0	5 260.5
34	5 319.2	5 378.8	5 439.0	5 499.7	5 560.9
35	5 622.9	5 685.4	5 748.5	5 812.2	5 876.6
36	5 941.2	6 006.7	6 072.7	6 139.5	6 207.0
37	6 275.1	6 343.7	6 413.1	6 483.1	6 553.7
38	6 625.1	6 696.9	6 769.3	6 842.5	6 916.6
39	6 991.7	7 067.3	7 143.4	7 220.2	7 297.7
40	7 375.9	7 454.1	7 534.0	7 614.0	7 695.4
41	7 778.0	7 860.7	7 943.3	8 028.7	8 114.0
42	8 199.3	8 284.7	8 372.6	8 460.6	8 548.6
43	8 639.3	8 729.9	8 820.6	8 913.9	9 007.3
44	9 100.6	9 195.2	9 291.2	9 387.2	9 484.6
45	9 583.2	9 681.9	9 780.5	9 881.9	9 983.2
46	10 086	10 190	10 293	10 399	10 506
47	10 612	10 720	10 830	10 939	11 048
48	11 160	11 274	11 388	11 503	11 618
49	11 735	11 852	11 971	12 091	12 211
50	12 334	12 466	12 586	12 706	12 839
60	19 916	—	—	—	—
70	31 157	—	—	—	—
80	47 343	—	—	—	—
90	70 096	—	—	—	—
100	101 325	—	—	—	—

附录 13 元素周期表

元素周期表

原子序数 — 92 U — 元素符号
元素符号 — 铀
注 * 的是人造元素
$5f^36d^17s^2$ — 外围电子层排布，括号指可能的电子层排布
238.0 — 相对原子质量(加括号的数据为该放射性元素半衰期最长同位素的质量数)

非金属元素　金属元素　过渡元素　稀有气体元素

周期＼族	ⅠA 1	ⅡA 2	ⅢB 3	ⅣB 4	ⅤB 5	ⅥB 6	ⅦB 7	Ⅷ 8	Ⅷ 9	Ⅷ 10	ⅠB 11	ⅡB 12	ⅢA 13	ⅣA 14	ⅤA 15	ⅥA 16	ⅦA 17	0 18	电子层	0族电子数
1	1 H 氢 $1s^1$ 1.008																	2 He 氦 $1s^2$ 4.003	K	2
2	3 Li 锂 $2s^1$ 6.941	4 Be 铍 $2s^2$ 9.012											5 B 硼 $2s^22p^1$ 10.81	6 C 碳 $2s^22p^2$ 12.01	7 N 氮 $2s^22p^3$ 14.01	8 O 氧 $2s^22p^4$ 16.00	9 F 氟 $2s^22p^5$ 19.00	10 Ne 氖 $2s^22p^6$ 20.18	L K	8 2
3	11 Na 钠 $3s^1$ 22.99	12 Mg 镁 $3s^2$ 24.31											13 Al 铝 $3s^23p^1$ 26.98	14 Si 硅 $3s^23p^2$ 28.09	15 P 磷 $3s^23p^3$ 30.97	16 S 硫 $3s^23p^4$ 32.06	17 Cl 氯 $3s^23p^5$ 35.45	18 Ar 氩 $3s^23p^6$ 39.95	M L K	8 8 2
4	19 K 钾 $4s^1$ 39.1	20 Ca 钙 $4s^2$ 40.08	21 Sc 钪 $3d^14s^2$ 44.96	22 Ti 钛 $3d^24s^2$ 47.87	23 V 钒 $3d^34s^2$ 50.94	24 Cr 铬 $3d^54s^1$ 52	25 Mn 锰 $3d^54s^2$ 54.94	26 Fe 铁 $3d^64s^2$ 55.85	27 Co 钴 $3d^74s^2$ 58.93	28 Ni 镍 $3d^84s^2$ 58.69	29 Cu 铜 $3d^{10}4s^1$ 63.55	30 Zn 锌 $3d^{10}4s^2$ 65.47	31 Ga 镓 $4s^24p^1$ 69.72	32 Gc 锗 $4s^24p^2$ 72.64	33 As 砷 $4s^24p^3$ 74.92	34 Se 硒 $4s^24p^4$ 78.96	35 Br 溴 $4s^24p^5$ 79.9	36 Kr 氪 $4s^24p^6$ 83.8	N M L K	8 18 8 2
5	37 Rb 铷 $5s^1$ 85.47	38 Sr 锶 $5s^2$ 87.62	39 Y 钇 $4d^15s^2$ 88.91	40 Zr 锆 $4d^25s^2$ 91.22	41 Nb 铌 $4d^45s^1$ 92.91	42 Mo 钼 $4d^55s^1$ 95.9	43 Tc 锝 $4d^55s^2$ [98]	44 Ru 钌 $4d^75s^1$ 101.1	45 Rh 铑 $4d^85s^1$ 102.9	46 Pd 钯 $4d^{10}$ 106.4	47 Ag 银 $4d^{10}5s^1$ 107.9	48 Cd 镉 $4d^{10}5s^2$ 112.4	49 In 铟 $5s^25p^1$ 114.8	50 Sn 锡 $5s^25p^2$ 118.7	51 Sb 锑 $5s^25p^3$ 121.8	52 Te 碲 $5s^25p^4$ 127.6	53 I 碘 $5s^25p^5$ 126.9	54 Xe 氙 $5s^25p^6$ 131.3	O N M L K	8 18 18 8 2
6	55 Cs 铯 $6s^1$ 132.9	56 Ba 钡 $6s^2$ 137.3	57~71 La~Lu 镧系	72 Hf 铪 $5d^26s^2$ 178.5	73 Ta 钽 $5d^36s^2$ 180.9	74 W 钨 $5d^46s^2$ 183.8	75 Re 铼 $5d^56s^2$ 186.2	76 Os 锇 $5d^66s^2$ 190.2	77 Ir 铱 $5d^76s^2$ 192.2	78 Pt 铂 $5d^96s^1$ 195.1	79 Au 金 $5d^{10}6s^1$ 197.0	80 Hg 汞 $5d^{10}6s^2$ 200.5	81 Tl 铊 $6s^26p^1$ 204.4	82 Pb 铅 $6s^26p^2$ 207.2	83 Bi 铋 $6s^26p^3$ 209.0	84 Po 钋 $6s^26p^4$ [209]	85 At 砹 $6s^26p^5$ [210]	86 Rn 氡 $6s^26p^6$ [222]	P O N M L K	8 18 32 18 8 2
7	87 Fr 钫 $7s^1$ [223]	88 Ra 镭 $7s^2$ [226]	89~103 Ac~Lr 锕系	104 Rf 𬬻* $(6d^27s^2)$ [265]	105 Db 𬭊* $(6d^37s^2)$ [268]	106 Sg 𬭳* $(6d^47s^2)$ [271]	107 Bh 𬭛* $(6d^57s^2)$ [270]	108 Hs 𬭶* $(6d^67s^2)$ [277]	109 Mt 鿏* $(6d^77s^2)$ [276]	110 Ds 𫟼* $(7s^15f^{14}6d^9)$ [281]	111 Rg 𬬭* $(5f^{14}6d^{10}7s^1)$ [280]	112 Cn 鿔* $(5f^{14}6d^{10}7s^2)$ [285]	113 Nh 鿭* $(5f^{14}6d^{10}7s^27p^1)$ [284]	114 Fl 𫓧* $(5f^{14}6d^{10}7s^27p^2)$ [289]	115 Mc 镆* $(5f^{14}6d^{10}7s^27p^3)$ [288]	116 Lv 𫟷* $(5f^{14}6d^{10}7s^27p^4)$ [293]	117 Ts 鿬* $(5f^{14}6d^{10}7s^27p^5)$ [294]	118 Og 鿫* $(5f^{14}6d^{10}7s^27p^6)$ [294]	Q P O N M L K	8 18 32 32 18 8 2

镧系	57 La 镧 $5d^16s^2$ 138.9	58 Ce 铈 $4f^15d^16s^2$ 140.1	59 Pr 镨 $4f^36s^2$ 140.9	60 Nd 钕 $4f^46s^2$ 144.2	61 Pm 钷 $4f^56s^2$ [145]	62 Sm 钐 $4f^66s^2$ 150.4	63 Eu 铕 $4f^76s^2$ 152.0	64 Gd 钆 $4f^75d^16s^2$ 157.3	65 Tb 铽 $4f^96s^2$ 158.9	66 Dy 镝 $4f^{10}6s^2$ 162.5	67 Ho 钬 $4f^{11}6s^2$ 164.9	68 Er 铒 $4f^{12}6s^2$ 167.3	69 Tm 铥 $4f^{13}6s^2$ 168.9	70 Yb 镱 $4f^{14}6s^2$ 173.0	71 Lu 镥 $4f^{14}5d^16s^2$ 175.0
锕系	89 Ac 锕 $6d^17s^2$ [227]	90 Th 钍 $6d^27s^2$ 232.0	91 Pa 镤 $5f^26d^17s^2$ 231.0	92 U 铀 $5f^36d^17s^2$ 238.0	93 Np 镎 $5f^46d^17s^2$ [237]	94 Pu 钚 $5f^67s^2$ [244]	95 Am 镅* $5f^77s^2$ [243]	96 Cm 锔* $5f^76d^17s^2$ [247]	97 Bk 锫* $5f^97s^2$ [247]	98 Cf 锎* $5f^{10}7s^2$ [251]	99 Es 锿* $5f^{11}7s^2$ [252]	100 Fm 镄* $5f^{12}7s^2$ [257]	101 Md 钔* $(5f^{13}7s^2)$ [258]	102 No 锘* $(5f^{14}7s^2)$ [259]	103 Lr 铹* $(5f^{14}6d^17s^2)$ [262]

注：本元素周期表根据2020年版最新部编本化学教材排版

参考文献

[1] 唐向阳，余莉萍，朱莉娜，等. 基础化学实验教程[M]. 5 版. 北京：科学出版社，2023.

[2] 杨秋华. 大学化学实验[M]. 北京：高等教育出版社, 2019.

[3] 冯霞，余莉萍，高洪苓，等. Fundamental experiments in chemistry[M]. 英文版. 天津：天津大学出版社, 2023.

[4] 童新阳，葛子健，刘煜超，等. 厨余物的“高光”时刻：从厨余垃圾到碳量子点的居家制备及应用探究[J]. 大学化学，2022，37(5)：7-18.

[5] 龙琪. 生活化学实验设计[M]. 南京：南京大学出版社，2020.

[6] 吕小兰，胡昊，吴思豪，等. 借光执笔的“蓝色精灵”：蓝晒中奇妙的光化学反应[J]. 大学化学，2022，37(5)：127-131.

[7] 卫子光. 化学实验设计与研究[M]. 天津：南开大学出版社，2000.

[8] 翟慕衡，魏先文，王正华，等. 化学实验赏析[M]. 合肥：中国科学技术大学出版社, 2012.